住房城乡建设部村镇规划示范选集

住房城乡建设部村镇建设司　编

中国建筑工业出版社
中国城市出版社

图书在版编目（CIP）数据

住房城乡建设部村镇规划示范选集 / 住房城乡建设部村镇
建设司编. —北京：中国城市出版社，2014.9
　　ISBN 978-7-5074-2976-3

　　Ⅰ.①住… Ⅱ.①住… Ⅲ.①乡村规划—案例—汇编
—中国 Ⅳ.①TU982.29

　　中国版本图书馆CIP数据核字（2014）第222669号

责任编辑：常　燕　付　娇

住房城乡建设部村镇规划示范选集
住房城乡建设部村镇建设司 编
*
中国建筑工业出版社、中国城市出版社出版、发行
各地新华书店、建筑书店经销
广州市友间文化传播有限公司制版
廊坊市海涛印刷有限公司印刷
*
开本：880×1230毫米　1/16　印张：10.875　字数：230千字
2015年9月第一版　　2015年9月第一次印刷
定价：**88.00**元
ISBN 978-7-5074-2976-3

编 委 会

序

2014年我国城镇化率已经达到55%，从农村多数年轻人已经离开家乡、进城务工的现实看，我国城镇化的速度会逐步下降。同时，我国城市建设水平已经超越了全面小康的要求，而农村建设水平依然相当落后，以城市建设为中心的阶段将转向城乡统筹建设的阶段。再则，人们的价值观也从一味追求现代化开始向传统和自然回归，视角由窄变宽，更加多样化。展望未来，相当多的乡村会成为人们喜欢居住的地方。在这样一个转折期，把农村规划好、建设好，就显得尤为重要。

随着乡村规划工作的展开，我们越来越清晰地发现，乡村规划与城市规划有着很大的不同，要解决的问题不同、建设体制机制不同、土地等空间要素的可调整性不同、甚至城乡规划法规定的村庄规划不具备独立完整的规划区域意义。而现实工作中乡村规划照搬城市规划方法、脱离农村实际的现象十分普遍。

为此2013年和2014年我部组织开展了两批村庄规划、镇规划和县域乡村建设规划试点，以创新的精神和求实的态度，探索乡村规划独自的理论与方法。在试点单位的努力下，取得了许多很有意义的成果。我们认识到了县域乡村建设规划的极其重要性以及过去它的缺位，并初步提出了县域乡村建设规划的基本体系，包括县域乡村空间分区规划、村镇体系规划、县域乡村基础设施和公共服务设施建设规划、以及分片分级的村庄整治指引。我们探索出了更加符合农村实际的村庄规划编制内容和编制方法。我们也探索了紧凑布局、空间适度、风貌协调、环境宜居的镇规划方法。

经遴选，我部公布了42个村庄规划、19个镇规划、7个县域乡村建设规划示范。这里选择了部分案例编辑了示范选集，供大家学习参考。乡村规划的探索还在途中，这批示范也有局限性，如村庄规划内容较多，只适合发展型及保护型等特殊村庄，一般村庄需要进一步简化内容，县域乡村建设规划还处于探索初期。完善乡村规划理论与方法还有不少的路要走。

住房城乡建设部总经济师、村镇建设司司长　赵　晖

2015年8月

目　录

县域乡村建设规划篇

张北县县域乡村建设规划

编制单位：中国城市科学规划设计研究院
编制人员：李宛莹　陈廷龙　许　芳　王致明　张志国　陈志强　苏　扬　胡明双　李晓楠　刘广鑫　皮雨鑫
　　　　　肖　洋

1　基本情况

1.1　概况

张北县位于河北省西北部，内蒙古高原南缘的坝上地区。207国道纵贯全境，张尚、张化、东商、张沽等省级公路干线聚集辐射，构成了以县城为枢纽，连接内蒙、辐射京津的交通运输网络。

县域总面积4185km²，地势南高北低，地貌复杂（图1）。

1.2　人口与经济发展

人口与城镇化：截止到2012年底，张北县域总人口为38.15万人。城镇化率达到31.92%。

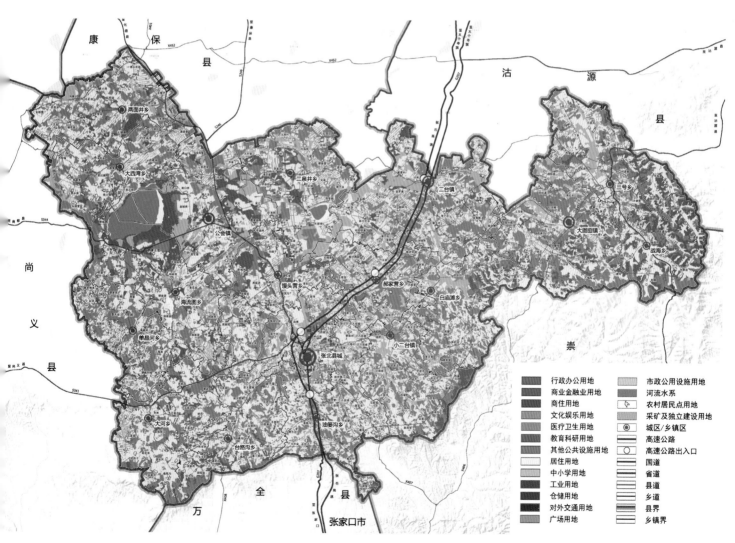

图1　县域工地利用现状图

经济与社会发展：2012年末，全县实现国内生产总值66.83亿元。全部工业总产值51.23亿元，全社会固定资产投资达12.02亿元，人均纯收入4814元，城镇居民可支配收入15642元。2012年末，三次产业分别占GDP比重为28:47.1:24.9。

1.3 文化与生态资源

张北县全县有文物保护单位402处，各类旅游资源22种，其中自然类资源11种，人文类资源11种，主要有六代长城的历史遗迹、野狐岭古战场、元中都遗址、仙那都国际生态度假村、安固里草原度假村、桦皮岭山地植被观光区等（图2）。

1.4 县域乡村特征

1.4.1 经济特征

全县农民人均纯收入较低。2012年全国农民人均纯收入突破7917元，而张北县农民人均纯收入为4814元，低于全国人均纯收入水平，仅有32个村庄达到5000元。

村庄经济发展水平差距大。以各村庄人均收入为例，据调查，最少的只有1000多元，而个别矿产资源和旅游资源富集的村庄，人均收入高达万元以上。

1.4.2 人口分布特征

乡镇平均人口规模小，县城首位度很高。全县各行政村平均人口为830人，人口规模小于全县平

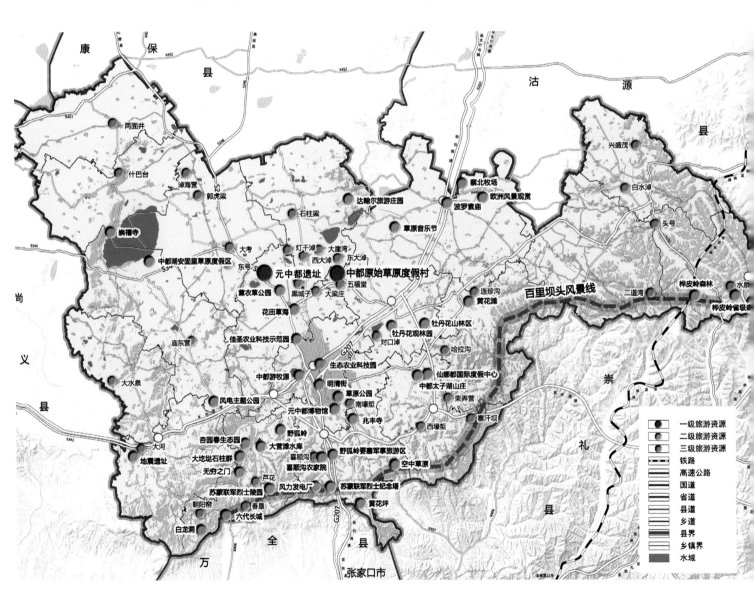

图2 特色景观旅游现状资源分析图

均值的村庄数量大约为184个。各乡镇的平均人口为16839人，平均人口数量小于全县平均水平的有10个乡镇，占全县乡镇总数55.56%，主要集中在县域中部平原区和东部山区。

1.4.3 村庄分布特征

村庄分布散、规模小，建设水平低、配套服务不均衡。

县域行政村平均分布密度为9.5个/平方千米。密度最大的张北镇与最小的三号镇仅相差3倍之多。行政村数量小于全县平均水平的共有11个乡镇，占全县乡镇总数的61.11%，主要集中在境内的西北部丘陵区和东部山区。

2 方案介绍

2.1 城镇发展战略

战略一：做强做优县城，提升综合竞争力。

进一步加强县域人口和产业的集聚，形成以县域中心城区为龙头，优势产业集聚、服务功能集中，提升县城的综合竞争力，打造吸纳城镇化人口的主要载体（图3）。

战略二：精致建设城镇，增强服务功能。

乡镇建设走特色化、精致化的发展道路，找寻乡镇在资源和文化特色方面的底蕴，在产业发展、空间布局上传承体现特色，增强服务功能，提升吸引力。

战略三：特色发展乡村，提升生活质量。

分类指导，对于矿产、旅游资源丰富、交通条件好的村庄，进行积极引导，吸纳集聚一定人口，重点发展。

2.2 总人口与城镇化水平

人口预测：规划预测张北县域到2015年县域总人口为40万人，到2020年县域总人口为44万人，到2030年县域总人口为50万人。

城镇化水平预测：土地总体规划2020年，总人口增加到44.62万人，城镇化率为53.27%。规划预测张北县域城镇化水平到2020年为55%，到2030

年为67%。

2.3 产业规划

2.3.1 产业功能定位

"3+2+1"的现代产业体系。

"3"即三大支柱产业，包括食品加工、新能源与高端装备制造业。新型能源产业，是张北依托资源优势，落实国家发展战略性新兴产业精神，快速提升张北产业实力的重点产业，也是张北产业进入国家战略的重要着力点。

"2"即两大先导产业，包括旅游业和现代物流业，是张北未来经济的重要增长点，也是张北发展现代服务业的主攻方向，是张北打造"坝上区域性中心城市"、彰显发展特色、打造"草原城市"的主要抓手。

"1"即一大基础产业，指的是发展现代农牧业，农牧业是张北的基础产业，也是张北未来继续推动经济发展的重要支撑点（图4）。

2.3.2 "一体化、融合化、联动化"的产业发展战略

农牧业产业群是背景、是基础，农民是服务的提供者和受益者。

旅游产业群是品牌、是粘合剂，是产业发展的撬动点。

以高端装备制造、农产品加工为主的新型工业产业群是发展趋势、是引擎，是产业的增长点，是

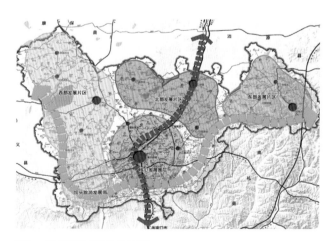

图3 区域空间结构规划图

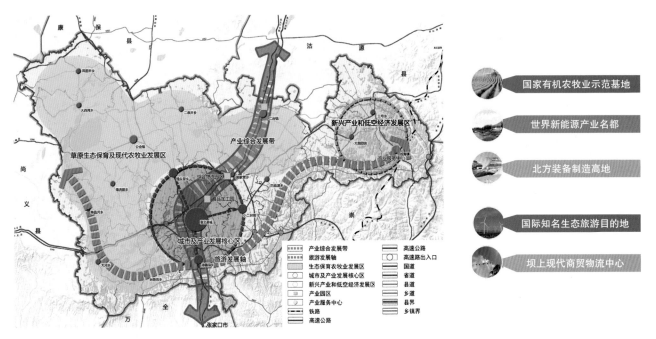

图4 县域产业布局规划图

图例中文字：
国家有机农牧业示范基地
世界新能源产业名都
北方装备制造高地
国际知名生态旅游目的地
坝上现代商贸物流中心

产业综合发展带　高速公路
旅游发展轴　高速路出入口
生态保育农牧业发展区　国道
城市及产业发展核心区　省道
新兴产业和低空经济发展区　县道
产业园区　乡道
产业服务中心　县界
铁路　乡镇界
高速公路　

实现从农业大县向高科技、附加值产业转型的必然要求。

2.4 镇村体系规划

规模等级结构：中心城区—中心镇—一般（乡）镇—中心村—基层村，五级体系结构（图5）。

城乡职能结构：现代综合服务中心、休闲服务型、现代农牧型、旅游服务型、物流商贸型，五种职能类型（图6）。

2.5 公共服务设施规划

基于生活圈的公共服务配置，需求导向、结合农民意愿，符合基本规律。

对农村生活圈做深入研究，依据不同居民群体出行距离的公共服务需求、依据使用频率和服务半径的公共服务设施划定几个生活圈层。

（1）居民日常使用且服务半径较小的公共服务设施：此类公共服务设施的配置必须和每个居民点相结合，包括幼儿园、儿童游乐场、老年活动室、室外体育活动场地等。

（2）居民日常使用且服务半径较大的公共服务设施：此类公共服务设施宜在重要的居民点配置，包括小学、村委会（居委会）、图书室、卫生服务中心等。

（3）居民需求频度较小且服务半径较大的公共服务设施：此类公共服务设施服务半径较大，包括中学、职业教育学校、镇政府（街道办）、图书馆分馆、卫生院、敬老院等。

（4）居民需求很小且服务半径很大的公共服务设施：此类公共服务设施的特点是居民需求频度较小，但服务半径很大，几乎可以覆盖县（市）范围，包括职业教育、高等学校、市政府、图书馆、青少年活动中心、综合医院、保健所、室内体育馆、室外运动场等。

2.6 县域乡村风貌管控规划

张北县城镇特色景观旅游资源属于7个主类和22个基本类型。其中区域性特色景观旅游资源17处，分部在县域的大部分乡镇，具有特色景观旅游资源的村庄33个。

从资源基础和发展现状评价，张北县特色景观资源可分为三级进行保护和利用。通过对特色景观资源管控达到对空间环境和村庄风貌管控的目的。

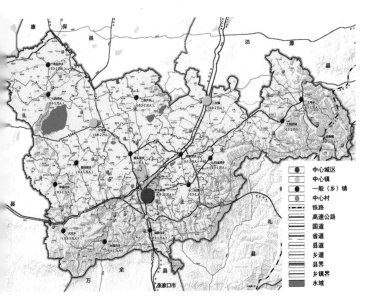

图5 县域镇村规模等级结构图

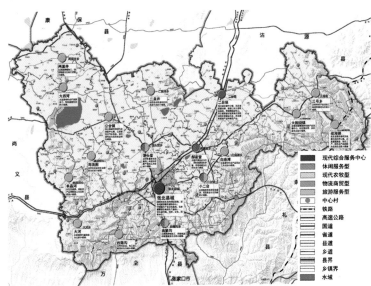

图6 县域城乡职能结构规划图

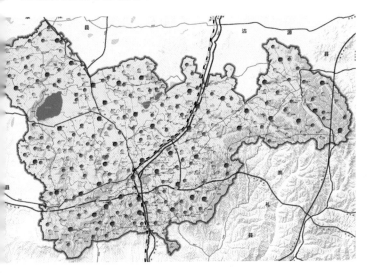

图7 县域镇村规模等级结构图

2.7 村庄整治指引

2.7.1 加强村庄发展指引

优先发展村庄——区域统筹考虑，优化村庄布局；

适度发展村庄——探索多种模式，建设新型居住区；

限制发展村庄——合理整合村庄，探索多种空间发展引导模式（图7）。

2.7.2 中心村（优先发展村庄）选择原则

区位条件优越，与镇中心保持良好联系，与周边村、镇联系便利；经济基础较好，村庄规模较大，人口较多，有一定的集聚规模；自然条件、资源条件优越，具有较大发展空间和发展潜力。

2.7.3 适度发展村庄选择原则

区位条件较为优越，与优先发展村庄（中心村）保持良好的交通、社会服务联系，与周边村、镇联系便利；村庄规模较大，人口较多，有一定数量的基础设施和社会服务设施；自然条件、资源条件较好，具有一定的发展空间和发展潜力。

2.7.4 限制发展村庄选择原则

人口规模较小；位于不适宜居住的区域，有的村庄生态环境恶化、自然灾害频发，有的村庄水资源严重匮乏，人畜饮水困难，有的村庄位于压矿区、采空区，已经出现地面沉降、塌陷等不良现象；位于城镇规划发展区范围内的村庄，有的村庄位于城镇内部或近郊，逐步与城镇相融合，已经规划为城镇建设用地。

3 主要特点

3.1 发展格局融入区域

旅游：融入区域，深度对接京津冀城镇群多元的市场需求，利用丰富的旅游和景观资源，发展旅游经济、会议经济等，开发立体多样的旅游产品，打造国际知名的休闲旅游目的地。

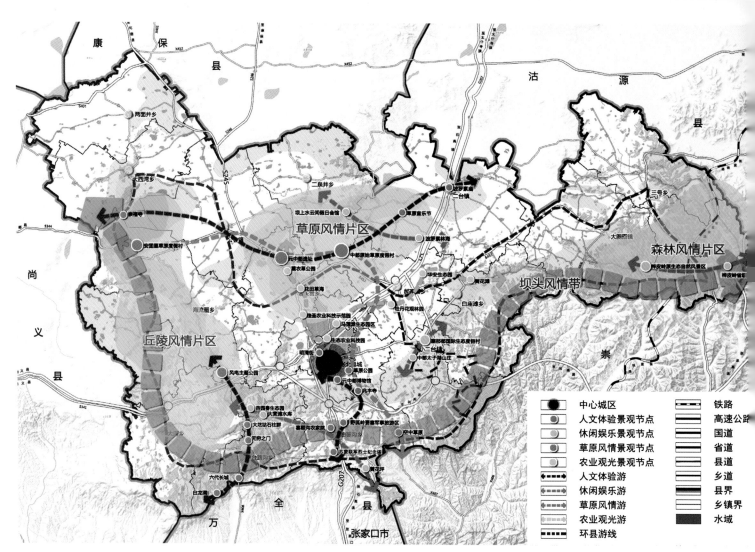

图8　县域旅游系统规划图

农业：依托特色农产品资源，现代化、规模化发展种植业和养殖业，延长农业产业链条，丰富产品类型，紧密对接多层次的市场需求，打造全国有机农产品示范基地。

总部经济：改善区域交通、服务等条件，培育总部经济试验区，对接北京功能外溢，完善京津冀城镇群服务体系和功能，有机融入京津冀，共同构建世界知名城镇群。

3.2　发展道路绿色化

农业产业群：依托现状良好的资源优势和生态优势，发展有机涉农产业群，延长农牧业的现代化产业链；加强现代农业的、节水农业的农业服务产业发展；推进休闲农业与乡村旅游，实现农业的多元发展。

生态旅游：以特色旅游为抓手，走多元化、特色化发展的道路；依托交通条件打造京津地区的避暑胜地，做好旅游经济、会议经济等，满足不同类型旅游消费群体的需要（图8）。

产业选择：遵循"绿色发展"原则，不发展对环境影响大的产业。借助国家扶持半农牧区的发展机遇，全力实施京津风沙源治理、退耕还林等重点生态工程，改善生态环境，凭借生态效应赢得绿色财富。

3.3　全域景区化

依托张北丰富的自然景观资源和人文景观资源，构建复合型旅游体系、建设全域化景区，打造国际知名生态休闲旅游目的地。

依托分布广泛的特色景观资源，进行分级保护与利用，对接多元的休闲经济和会所经济需求，在全域范围形成特色景观。

4 创新性

4.1 城乡一体化

由原来"城乡二元"，以经济发展为主，强调城镇发展到"城乡一体化"。

4.2 乡村精明收缩与城镇精明增长

在人口、建设土地的减量基础上做增量——充分贯彻非均衡化的发展思想，重点发展县城中心区与重点镇区，构建合理的非均衡化的城镇体系结构（图9）。

城乡空间结构：基于城镇结构和产业发展构建城乡联动和全域协调的空间结构，制定县域村庄发展指引，指导分区统筹城乡发展。

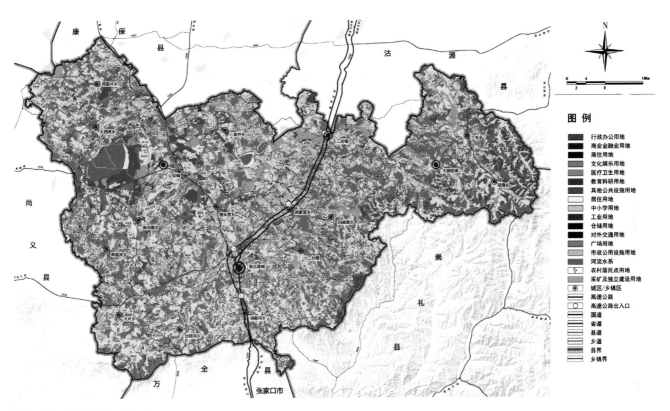

图9　县城土地利用规划图

浙江省湖州市德清县县域乡村建设规划

编制单位：浙江省建筑科学设计研究院建筑设计院
编制人员：陈安华　周　琳　孙启斌　董华磊　周萌强　宋　为　张　歆　张艳琼　马　骁　陈　斌

1　基本概况

1.1　规划编制背景

本项目在"国家—浙江省—德清"三个层面，围绕"新型城镇化"、"城乡一体化"、"美丽乡村"和"多规合一"等重大战略部署，全面解析了《德清县县域乡村建设规划》的规划编制背景，主要体现为"高端融杭"战略、"十村示范，百村整治"工程和"中国和美家园"建设。

1.2　县域概况

德清县地处浙江北部、长江三角洲杭嘉湖平原西部，东望上海、南接杭州、北连太湖、西枕天目山麓，距杭州市中心45km，上海190km。总面积约936km²，现辖9镇2乡，户籍人口约43.6万。目前已被纳入杭州都市区核心区范围，属"一主一副七中心"空间结构中的次级中心之一。

（1）资源禀赋

德清整体上呈"四山一水五分地"的生态格局，地势西高东低，可分为东、中、西三大片区。西部为低山区，有中国四大避暑胜地之一的国家级风景名胜区莫干山。中部为丘陵平原区，是中心城区所在地，有江南最大湿地、防风古国故里下渚湖。东部为平原水网区，有"千年古运河、百年小上海"之誉的新市水乡古镇。

（2）人口与产业

人口：至2013年，全县城镇化率达到了62.5%。9镇2乡中行政村共有151个，自然村共有1751个，乡村人口约22万。

产业：农业比重仅7%，德清近年来实施"工业强县"战略，重点打造"3+X"工业产业体系。旅游业为其战略性支撑性产业，正在创建"名山湿地古镇、休闲度假德清"旅游品牌。

1.3　德清城乡发展与"和美家园"建设

（1）城乡发展分析

以浙江省城乡体制改革试点为契机，大力推进城乡一体化发展。至2013年，城乡收入比为1.69:1，根据《浙江省2013年统筹城乡发展水平综合评价》，德清县已进入了城乡统筹发展的全面融合阶段。

城乡建设用地：在城乡建设用地指标的统一配置中，客观上存在指标超额消耗、复垦量少、城乡建设用地分配不公平等问题（图1）。

中心村建设：结合中心村布局，大力推进村庄集聚、农房集聚。客观上存在一定的实施阻力，主要体现在质量较好的农房迁建成本较高、土地指标制约、中心村选址的自然条件制约和集中居住意愿不强烈等方面。

（2）德清规划体系与实施评价

涉及县域—中心城区—乡镇—村各层面原规划体系完善，其中涉及村庄层面相关内容的规划主要有《德清县域城乡总体规划》、《县域村庄布局规划》、《和美家园建设规划》、各乡镇总体规划、各行政村村庄规划等。整体而言，县域各层面规划都以"土地"为核心，立足于城镇建设与经济发展目标，缺乏对村庄发展建设的考虑，村庄发展建设模式单一，集聚力度过大。

（3）德清"和美家园"建设的经验总结

"和美家园"模式是具有德清特色的社会主义新农村建设模式。在规划引领、县域经济整体发展

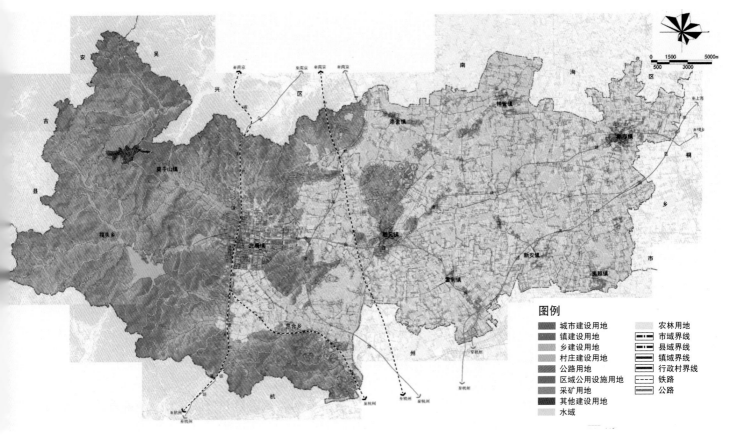

图1 城乡建设用地现状图

的强劲推动、城乡体制改革创新等作用下，率先在部分村庄实现了有效推进。但是全县域范围来看，在"多规合一"、"集聚模式"、"土地指标"、"资金压力"、"农民意愿"等诸多方面仍存在局限性。实现以中心村集聚模式为主的建设目标难度很大，并且实施阻力还将进一步增大。深层原因主要表现为乡村建设规范标准缺失、考核体制桎梏、城镇压榨乡村以弥补指标漏洞、农民未真正从土地中解放出来、新村建设合力尚未形成五个方面。

2 方案介绍

2.1 县域村镇体系规划

（1）新型城镇化与规模预测

本规划一方面修正传统预测方法，提高预测的准确率。另一方面，提出乡村人口规模预测的方法，在县域层面实现以乡镇为单元的人口规模校核。通过"自上而下"与"自下而上"的差额分析，强调人口规模与产业、用地的互动影响关系，即县域内乡村劳动力数量及其变化趋势，以及"县域—中心城区—乡镇—乡村"体系下的经济、产业发展，是影响城镇化水平与质量、实现城乡人口增减平衡的重要指标。

（2）县域城乡体系

从城乡视角出发，强调城市与乡村的互动关系，强调乡村外部发展动力与内在发展动力的结合，构建基于"城—镇—村"动力模型，以空间分区为单元的城乡体系结构，其中：

"城—村"发展区：中心城区（武康、乾元、雷甸）—城镇型社区/新村社区—居民点；

"景区—村"发展区：特色镇/乡（莫干山镇、筏头乡、三合乡）—城镇型社区/新村社区—居民点；

"镇—村"发展区：重点镇（新市）—一般镇（新安、禹越、洛舍、钟管）—城镇型社区/新村社区—居民点。

（3）县域城镇发展分区指引

结合中心城区辐射区、镇村互动发展区、风景区辐射区、生态保护区四大分区（图2），在城乡用地构成、城镇化动力与发展方向、城乡功能、主

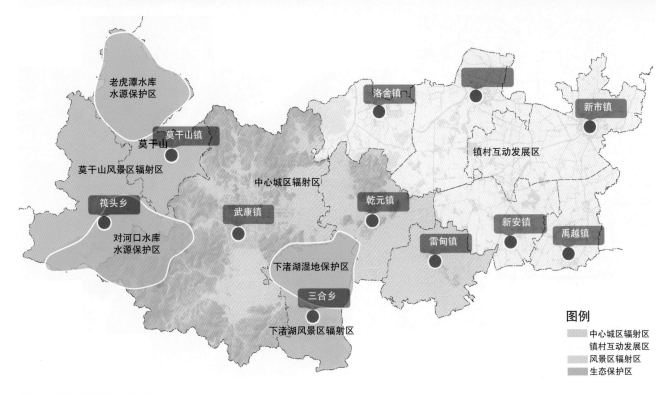

图2 县域城镇发展分区图

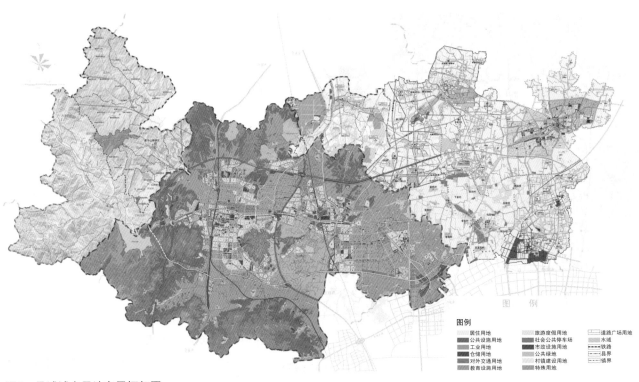

图3 县域城乡用地布局框架图

要问题和规划控制指引重点内容等方面提出具体的规划建议与要求。

（4）"四规合一"的县域城乡布局规划

为全面推动城乡发展一体化，有效统筹空间布局、优化发展建设、保护生态环境与耕地等，针对县域层面的国民经济和社会发展规划、城乡规划、土地利用规划、生态环境功能区规划涉及的重叠内容进行衔接平衡、统筹布局。在县域生态功能区划、县域产业功能区划（图3）的基础上构建县域城乡用地布局框架，并进行县域空间管制规划（图4），特别强调对非建设用地的细分，以增强空间管制规划的可操作性。

（5）县域乡村建设模式与布局分类

基于区位条件、外部驱动力和自身资源禀赋差异，对乡村进行分类。以乡镇为单元，进行影响因子综合评价分析，打破"一刀切"的、以集聚为核心的中心村布局模式，形成"新建＋保留＋迁并"的乡村建设布局模式。

新建型：摒弃原有村落布局，完全新建的村庄。主要包括城镇发展带动拆迁重建的中心村、重大项目带动建设的新村等。

保留型：主要针对现状具有保留价值的村庄，如传统村落、景区辐射村落、自身发展动力较好的村落等，根据现有乡村规模与空间形态的差异，进一步细分为扩建式保留、组团式保留、分散式保留。

迁并型：主要包括未来纳入城镇的村落、处于一级水源保护区内部的村落等。

2.2 县域基本公共服务设施规划

（1）四分控制体系

规划对基本公共服务设施进行"分类、分级、分效、分期"规划及实施控制。

（2）服务半径型设施规划

服务半径型设施为点状设施配置，以点成网，供一定服务半径内人群使用的设施类型。

县域生活服务圈规划：东部地区以二次生活服务圈，共享均衡的网络服务体系；中部地区以二次、三次生活服务圈为主，依托中心城市，并提供基本的乡镇共享服务；西部地区以一次、基本生活服务圈为主，配置基本的生活服务设施（图5）。

服务半径型设施规划：县域范围内城镇级设施规划主要为县域教育设施、文化设施、体育设施、医疗设施、社会福利设施布局规划。村级设施规划主要由城镇共享区、均衡网络型服务区、传统等级结构服务区构成。村级设施配置标准按照一级服务圈（中心村）、基本服务圈（基层村）两级，明确村级服务半径型设施的配置标准和具体配置要求（表1）。

（3）网络系统型设施规划

图4　县域空间管制规划图

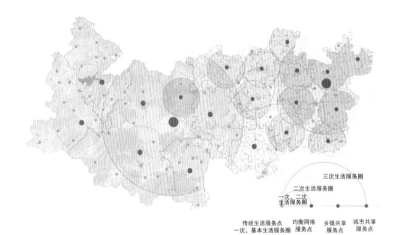

图5　县域生活服务圈规划图

网络系统型设施为线性设施配置，主要依赖管线、道路等载体，以线成网，供沿线人群使用的设施类型。德清城乡一体化的网络系统型设施规划，主要为道路交通系统、给水、污水、燃气、电力、通讯规划。其中农村污水处理工程以"五水共治"工程为依托，逐步完善（表2）。

村级网络系统型设施配置标准按照一级服务圈（中心村）、基本服务圈（基层村）两级，明确各项设施的配置标准和具体配置要求。

2.3 村庄整治指引

（1）村庄整治原则

规划确定村庄整治原则为"政府引导，村民参与"、"因地制宜，分类指导"、"合理分区，配置设施"、"延续特色，美化环境"、"节约资

表1 村级服务半径型设施配置标准表

序号	设置项目		一级服务圈（中心村）		基本服务圈（基层村）		配置要求
			配置弹性	配置标准	配置弹性	配置标准	
1	行政管理服务设施	综合服务中心	★	建筑面积≥600m²	——	——	含"五站、四栏、三室、二厅"，"五站"指党员活动站、综合服务站、社会保障站、计生服务站、农技服务站；"四栏"：公开栏、信息栏、宣传栏、阅读栏；"三室"指办公室、调解室、避灾室；"二厅"：村民议事大厅、便民服务大厅
2	教育设施	幼儿园	☆	人口规模达到5000人左右，可设6班幼儿园，占地约3000m²	☆	设置为教学点与幼儿园规模设置相同	生均用地按浙江省6班幼儿园规划指标计（17.86m²/生）
3	医疗卫生设施	卫生服务中心/站	★	建筑面积≥120m²	☆	可含在社区行政管理与公共服务用房内	以行政村为单位或按服务人口3000~5000人左右设置
4	社会福利与保障设施	托老所	★	建筑面积≥200m²	☆	建筑面积≥100m²	基层村可结合综合服务中心设置
5	文化体育设施	体育健身设施	★	用地面积≥1000m²	★	用地面积≥600m²	含1片混凝土标准篮球场、2张以上乒乓球台（室内或室外）、室外全民健身设施及活动场地。基层村可结合文化活动中心一并设置
		文化活动中心	★	建筑面积≥100m²	☆	建筑面积≥80m²，可含在社区管理服务用房内	包括图书阅览室（农家书屋）、教育培训、活动中心、乡风馆、电脑室等。基层村可结合社区行政管理与公共服务用房一并设置
		村民大舞台	★	占地面积≥60m²	——		场地平坦与综合服务中心相邻，与体育健身设施等相邻
		文化礼堂	★	建筑面积≥200m²	☆	传统村落或特色村庄可建设，建筑面积约200m²	突出乡村特色，包含村庄精神展示、礼教弘扬、文化展览、村民活动等
6	商业服务设施	菜市场	★	用地面积100~500m²	☆	用地面积50~250m²	包括粮油、蔬菜、肉类、水果、水产品、副食品等商品销售。可为露天市场
		生活日用品超市	☆	建筑面积约100m²	☆	建筑面积约70m²	可单独布置或与住宅合设
		农资超市	☆	建筑面积100~300m²			
7	公用营业网点	邮政代办点（农村邮政加盟店）	★	建筑面积≥160m²	☆	可含在社区行政管理与公共服务用房内	包括出售邮资凭证，国内函件、包件业务，水、电、气等代缴费业务，市民卡等充值业务，汽车票、火车票、飞机票等票务代理业务，国内电话业务，报刊、邮件投递业务等。可结合商业金融服务设施设置
		电信代办点	★	可含在邮政代办点内	☆	可含在邮政代办点内	包括有线电视、固话移动通讯、互联网业务等
8	公共绿地	公园、小游园	★	用地面积≥3000m²	★	用地面积≥1000m²	可与文化体育设施一并设置，山区乡村公共绿地面积可适当减小
合计：（公益性基本公共服务设施（表中前五项）建筑面积）				>1200m²		>500m²	不含体育健身设施、幼儿园、垃圾收集点、液化石油气瓶装供应点和商业服务设施的建筑面积

源，降低成本"和"整体规划，分期实施"。

（2）村庄整治总指引

村庄整治内容主要包括建筑整治、道路整治、公用设施整治和环境整治。其中建筑整治结合"功能、墙面、门窗、屋顶、庭院"五个方面提出具体的控制指引。道路整治结合"主干道、支路、道路绿化"三个方面提出具体的控制指引。公用设施整治以"统筹、安全、节约、引导、超前、和谐"为原则，实现给水、排水、电力、通信等基础设施的集约高效、系统优化与统筹建设。结合供水管线、污水管线、雨水管线、电力线、电信电视线、燃气管线、环境环卫设施等方面提出具体的控制指引，同时加强城乡水环境综合整治，提出垃圾分类收运、分类处置，实现村庄基础设施服务体系一体化。环境整治结合"公园、广场、节点景观、水系环境、农田环境、山体环境"六个方面提出具体的控制指引。

（3）村庄风貌控制引导

以"尊重地域差异与乡土文化、人与自然和谐发展、体现本土田园景观特色"为目标原则，梳理西部山区、中部平原丘陵区、东部水网区的村落空间分布特征和村落形态肌理特征，对新建新村的形态肌理提出具体的规划建议。结合县域历史文化村落普查，以"整体性、原真性、延续性"为基本原则，结合水乡型、丘陵型、山地型特色村落，进行整体风貌特色指引，一般村落则根据分区分类进行风貌特色指引。

3 主要特点

3.1 规划视角的转变

规划摈弃过去以城市为核心的城乡规划手法，转而由乡村视角入手来解析"县域—城区—乡镇—村"的关系，乡村建设规划由"就乡村论乡村"转变为"城乡一体、功能互补"；"以建设为重心"转变为"以发展促建设＋差异化"；"乡村城市化"转变为"城乡等值但不同类"；以"土地城镇化"转变为"人口城镇化"。

3.2 乡村目标图景的构建

表2 村级网络系统型设施配置标准表

序号	设置项目		一级服务圈（中心村）	基本服务圈（基层村）	配置标准
1	交通设施	通村道路	★	★	全线应符合公路等级准四级及以上技术标准
		公交站点	★	☆	
		校车接送点	★	☆	分散性村庄可灵活布置
2	供水设施	蓄水池	☆	☆	根据供水人口确定供水规模
3	供电设施	配电室/箱	★	—	配电变压器低压侧配电室或配电箱应靠近变压器，其距离不宜超过10m
4	供燃气设施	液化石油气瓶装供应站	☆	—	用地面积500～600m²
5	通信设施	电信交接箱	★	—	结合电信网点布置
6	排水设施	生态污水处理设施	★	★	规模根据处理量确定
7	环卫设施	垃圾收集点	★	★	服务半径以不超过0.8km
		垃圾桶	★	★	服务半径约100米，或者1个/5户
		公厕	★	★	建筑面积≥40m²
8	消防设施	消火栓	★	★	须与供水管网结合

保留与传承传统乡村特色：吸取传统乡村的有效经验，传承乡土文化，尊重本土的自然环境，新、旧融合共生。重点体现在空间肌理、场所环境、建筑材料、文化符号提取和利用、农业景观营造等方面。

反思与重构现代城乡关系：打造具有乡土文化特征的现代生态乡村。以"和谐人地关系、乡土文化特色"为核心，传统与现代并存，具有多元化的乡村人口和社会经济，具有地域特色的高品质生产、生活、生态环境空间，实现资源的可持续保护与利用，"城市—乡村"各要素自由流通，全面实现城乡一体化发展的目标要求。

城乡一体化各阶段发展目标：近期为阶段性城乡融合阶段（2014—2018），重点解决目前迫切的现实问题，即县域乡村自我发展能力；中期为城乡融合阶段（2018—2025），重点为优化乡村生产生活空间结构；远期为城乡一体化阶段（2025—2030），重点为新城乡关系构建、城乡空间格局的优化（图6）。

现阶段乡村发展建设目标：基于乡村发展建设的地域差异，以农民的真实"需求"为导向，实现社会主义新农村建设目标，即"生产发展、生活富裕、乡风文明、村容整洁、管理民主"。

3.3 调查分析方法

（1）乡村现状调研

采用各部门访谈、乡镇座谈会、乡村实地调查等多种方式，涵盖县域所有乡镇，并结合城中村、"和美家园"建设示范村、特色村落和案例村进行深入的调研，通过问卷调查（乡镇基本情况调查表、村庄基本情况调查表、村民调查问卷），收集村镇基础信息，广泛地了解村民需求和意愿。

（2）城乡关系分析评价

结合统筹城乡经济发展、统筹城乡公共服务、统筹城乡人民生活、统筹城乡生态环境等，进行相应的指标分析评价。在此基础上，重点进行乡村发展水平分析、社会经济分析、城乡建设用地分析等。

（3）规划实施分析评价

梳理现有规划体系，并进行有效的评估与实施评价。整合各层面相关规划中涉及村庄的内容，尽

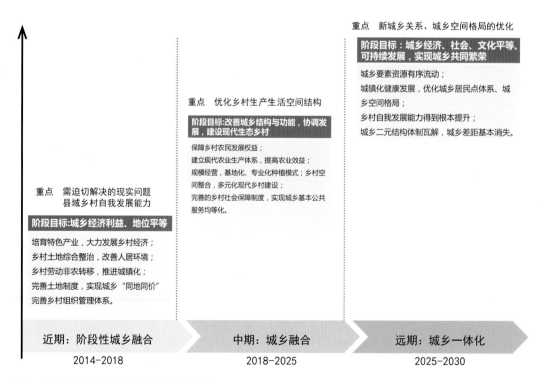

图6 城乡一体化各阶段发展目标路线图

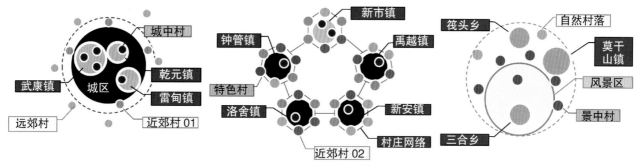

图7　城乡体系动力模型模式图

可能地利用原有的规划内容，在县域、乡镇、村三级层面完善现有村庄规划体系、内容与技术标准，从而使得法定规划得到最大程度的延续。同时对制约县域城乡发展的关键问题，尤其是制约乡村发展建设的规划内容进行调整、修正。

3.4　规划理念、思路与方法

（1）"城乡等值"规划理念。乡村与城市不同类但等值，反对"农村城镇化"，强调乡村拥有与城市相同的生活质量，具体表现为城乡居民在收入水平、公共服务、社会保障和生活便利程度等方面。乡村与城市只有空间和生活方式上的不同，但具有相同的价值。

（2）规划思路与方法。从人口、用地、布局模式三方面出发，将传统"自上而下"的刚性控制规划转向"自上而下"与"自下而上"相结合的引导性控制规划。

3.5　人口规模预测与校核

方法："自上而下"预测方法的修订与"自下而上"的校核相结合。

自上而下：通过对原有传统方法的修订，增加预测准确率。主要通过县域总人口、县域城镇化率确定县域城镇人口，通过中心城区总人口、中心城区城镇化率确定中心城区城镇人口、中心城区范围内乡村人口。通过乡镇总人口、乡镇城镇人口确定乡镇乡村总人口。县域乡村总人口为中心城区范围内乡村人口与乡镇乡村总人口之和。

自下而上：以乡村人口为主体、通过影响因素分析预测村庄人口变化趋势，并预测村庄人口规模。其中农业剩余劳动力的转移是影响城市、乡村人口规模的关键（图7）。以乡镇为单元，将各乡镇总规预测的人口规模求和，与规划预测的人口规模进行"自下而上"的校核。此外，深入分析各乡镇城镇人口变化与乡村人口变化趋势之间的增减关系，结合各乡镇乡村现状劳动力数量，通过劳动力析出率指标进行校核，指出现有规划方法存在的问题，不断提高规划预测人口规模的科学性、合理性。

3.6　县域城乡框架的构建

思路：由传统"城镇体系+村庄体系"向"城—乡体系"转变。

结合规划体系层级，县域层面在原有城镇空间格局的基础上，强调"城—镇—村"三者的作用关系，打破纯粹的等级规模结构，通过"城镇发展、景区发展、乡村自我发展"三种发展动力的耦合作用，使村庄布点布局更加多元化，形成"城镇型社区—新村社区（重点村）—混合型居民点（中心村）—旅游型居民点（特色村）—生活型居民点（基层村）"的复合结构体系——"城—乡体系"，且处于一种动态变化的过程中。

3.7　乡村建设布局规划

存量规划方法：基于地域差异的乡村发展建设

分类转换为"集聚因子—反集聚因子"作用下的分类，并以镇域为单元，进行综合分析评价。

规划确定城镇带动、工业发展驱动、交通条件、地缘条件、重大项目带动等因素有利于乡村的集聚建设，地形地貌、历史价值、生态保护要求、农业发展、旅游发展、村民意愿、建筑质量（迁建成本）、村庄规模、空间形态肌理等不利于乡村的集聚建设。

湖北省荆门市京山县县域乡村建设规划

编制单位：湖北省城市规划设计研究院
编制人员：卢思佳　黄向荣　黄婷婷　杨博超　方雪娟　刘　璇

1　基本概况

京山素有"鄂中绿宝石"之美誉，地处湖北省中部，大洪山南麓，江汉平原北端。全县国土总面积3520km²，辖14个镇（分别为新市镇、永兴镇、曹武镇、罗店镇、宋河镇、坪坝镇、三阳镇、绿林镇、杨集镇、孙桥镇、石龙镇、永漋镇、雁门口镇、钱场镇）和1个经济开发区、1个两型社会试验新区（温泉新区），共405个行政村。截止2012年末，常住总人口57.29万人，其中城镇人口29.42万人，城镇化率51.4%。

1.1　区位研判

京山县位于荆门市东部，是荆门市向东融入省会武汉的门户，是远离《湖北省城镇化与城镇发展战略规划》的"两轴两带"——"京广轴、襄荆城

镇发展轴"横向联系和"汉十城镇发展带、长江城镇密集发展带"纵向联系的战略中心支点。

1.2　地理特征

地势西北高东南低，地形地貌复杂多样。京山县处于鄂中丘陵与江汉平原的过渡地带，地势由西北向东南倾斜；形成低山、丘陵、岗地、平原四种地貌类型，各占总面积的46%、21%、29%、4%；低山和丘陵多为森林覆盖，岗状平原、河谷平原多为是水稻集中产区和优质棉生产基地。

1.3　城乡人口

主要分布在农村和县城，城镇化水平较低；近期人口流出型特征持续，远期常住总人口小幅增长；近期人口主要流向中心城区，远期人口向"一

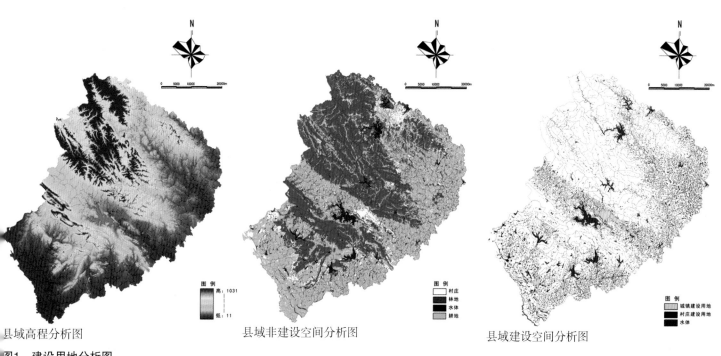

县域高程分析图　　　　　　　　　县域非建设空间分析图　　　　　　　县域建设空间分析图

图1　建设用地分析图

主两副"（城区、宋河镇、钱场镇）集中。

1.4 城乡用地

城乡建设用地结构不合理，村庄建设用地规模过大；中心城区建设用地规模持续扩大，其他镇用地逐渐小幅降低；村庄逐渐减少，农村建设用地大幅消减（图1）。

1.5 城乡经济

城乡经济总量及人均经济水平处于湖北中上游水平；农业产值将进一步增大，但是比例逐年降低；工业依然占据县域产业结构的最大比重；以休闲旅游推动的第三产业将成为新的增长点。

1.6 旅游资源

具有绿林文化、屈家岭等优良历史文化旅游资源；是大洪山风景旅游区的核心组成部分。

1.7 村庄发展

（1）总体特征

农地特征：七山一水二分田。

村庄特征：小而多，均而散。405行政村，2346村小组，自然村平均136人；大村数量少，规模较为接近，村庄布局分散。

村民分布：大分散，小集中。全县农村人口分散，密集程度低；东北、中部、南部地区较为集中。

服务职能：百村同，范围窄。基本以行政服务为主；仅限于本行政村范围。

设施状况：无重点，不均衡，欠协调。

（2）村庄人口

行政村平均人口：南部四镇（石龙、雁门口、永隆、钱场）为1041人；中部六镇（孙桥、新市、永兴、曹武、宋河、罗店）为686人；北部四镇（杨集、绿林、三阳、坪坝）为661人。村小组平均人口集中在130人左右，即30~50户左右；山区和平原存在一定差异，南部平原平均70户左右，山区和丘陵区平均40户左右。

（3）村庄现状分类

以地形地貌为主，结合村庄现状产业发展情况，将405个行政村初步分为三类：山地型共计108个，村庄规模在300~1000人；丘陵型共计204个，村庄规模在300~1200人；平原型共计93个，村庄规模在500~1500人。

2 方案介绍

2.1 规划思路

（1）县域生态安全

生态为纲、底线控制。以生态为基本原则指导城乡空间、产业、交通、基础设施等各系统规划，集约使用能源、水、土地等自然资源，建设和美的城乡环境。建立京山城乡功能区划体系，划定生产、生活、生态空间开发管制界限，落实用途管制，划定生态保护红线。

（2）县域空间结构

分区指引、轴线带动。结合京山县的生态空间结构和地貌特征，形成北、中、南三个发展区，重构镇村布局，因地制宜实施差异化城镇化路径。强化中部产城融合发展轴的带动作用，使其成为京山新型城镇化的引擎；突出东西两条特色发展带对生态旅游、城镇建设、交通、基础设施等多方面的指引作用，使其成为京山的特色展示带。

（3）县域村镇功能

有序集聚、分工协调。规划形成有序集聚的城乡居民点体系，对城区、镇区、农村社区三类层级合理定位、分工协调，在不同层面采取不同的管理和引导策略，促进人口、用地、产业有效引导和有序集聚，形成全域城乡可持续的发展机制。

2.2 县域城乡功能分区

（1）县域生态空间

规划"两区、两纵、四横"的县域生态格局。

两区：北部山地生态功能区和南部丘陵生态功能区，承担京山的主要生态功能，是京山县生态体系中的核心区域。

两纵：以京山县域内南北主要交通走廊为基础，以县域内的主要山体为依托，构建起连通京山南北两大生态功能区域的两大生态轴线，东部为穿越雁门口镇、钱场镇、新市镇、宋河镇、坪坝镇的东部山体轴线，西部为穿越石龙镇、孙桥镇、杨集镇、绿林镇的西部山体轴线，形成较为稳定的生态主骨架。

四横：依托流经京山县域的大富水、漳水、溾水、涴水四大主要水系，构成四条横向的水系生态轴线，进行东西向生态上的连通。

（2）县域城乡功能分区指引

规划将县域空间划分为城镇引导区、生态控制区和乡村协调发展区（图2）。

城镇引导区：指中心城区、各镇区的现状建成区和未来可拓展区域。根据城镇引导方式的不同，细分为城镇优化发展区、城镇重点发展区、城镇发展培育区。

生态控制区：指县域范围内需要永久性禁止或限制开发的地区，该区以生态保护为中心，控制建设开发行为。根据控制程度的不同，细分为生态一般控制区和生态重点控制区。

乡村协调发展区：以农村居民点为依托，覆盖主要从事农林牧渔业生产活动的地域，在空间分布上位于城镇化引导区与生态控制区之间。

2.3 县域城镇村体系规划

（1）县域城镇村规模等级规划

构建"主中心—副中心—特色镇—农村社区"四级结构体系，极化县域主中心，壮大副中心，培育特色镇，组建中心社区，辐射一般社区。规划形成"1个主中心、2个副中心、10个特色镇、132个农村社区"的"1211"县域城镇村体系（图3、表1）。

（2）县域城镇村职能结构规划

1）山地林特型村庄

①服务人口规模指引：500～1000人。

②产业发展指引：选择林果品种进行地方特色

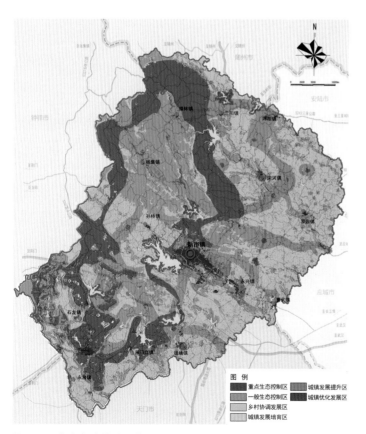

图2　县域城乡功能分区指引

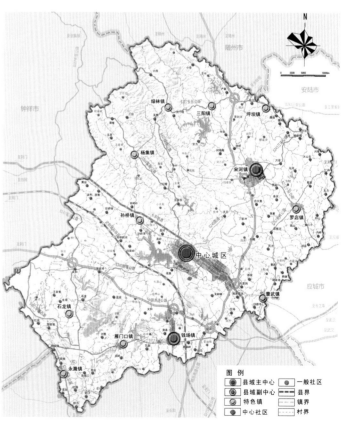

图3　县域城镇村体系规划

表1 县城村镇职能结构

等级	名称	发展定位	特色引导	主要职能	类型
主中心	中心城区			全县政治，经济、文化中心。以机械制造服务、商贸物流、旅游服务等综合功能	综合型
副中心	宋河镇			北部县城副中心。发展机械制造、农副产业加工、商贸物流、苗木花卉等产业	工贸型
	钱场镇			南部县城副中心。发展机械发展机械制造、农副产业加工、环保建材、商贸物流等产业	工贸型
特色镇	坪坝镇	大洪山文化商埠特色镇	特色老街旅游	依托传统产业和历史文化，发展白酒酿造、地方特产、休闲旅游等特色产业	旅游型
	三阳镇	大洪山生态观鸟特色镇	观鸟文化旅游	发展花卉苗木、生态观鸟旅游休闲、特色农林产品等产业	旅游型
	绿林镇	大洪山绿林文化特色镇	绿林文化旅游	发展花卉苗木、观光休闲旅游、有机农林特色产品生产等产业	旅游型
	杨集镇	大洪山休闲旅游特色镇	生态园林旅游	发展花卉苗木、生态旅游，建设生态林畜和加工产销基地	旅游型
	罗店镇	红色老区，农业名镇	现代农业	以水产畜牧、花卉苗木、蔬菜等为主，协调发展农副产品加工业和观光旅游业	农贸型
	孙桥镇	桥米之源，美丽乡村	桥米产业	以"桥米"特色农产加工、旅游服务为主，协调发展农副产品加工业和观光旅游业	农贸型
	曹武镇	荆东门户，风情小镇	特色水产	发展水产畜牧、花卉苗木、蔬菜等为主，协调发展农副产品加工业和观光旅游业	农贸型
	石龙镇	大农谷新型城乡核心区	休闲农业	以有机稻种植加工、特色水产、花卉苗木为主，以及乡村旅游和农业观光	农贸型
	雁门口镇	大农谷花卉苗木配套区	花卉基地	一建材、农产品加工、花卉苗木为主	工业型
	永漋镇	大农谷蔬菜棉粮配套区	蔬菜产业	以蔬菜水果、畜牧养殖、粮棉种植等为主，协调发展农副产品加工，商贸物流等产业	农贸型
农村社区	以居住、综合服务、农业生产为主				农贸型

产品的种植，如桃、梨、中药材、苗木花卉等，同时以羊、牛等大家畜养殖为主，辅以饲草种植业，打造"果+畜+沼+窖+草"生态农业和自然观光、休闲度假等旅游发展模式。

③社区布点指引：中心社区选择在其行政村驻地村庄，一般社区选址在风景旅游点所在地和交通便捷的区域。

④集并方式指引：生态移民搬迁，撤并无资源偏远居民点和生态保护区内居民点，到社区布点集中。

2）低丘农特型村庄

①服务人口规模指引：1000～2000人。

②产业发展指引：遵循低丘缓坡生态循环农业理念，大力推广经济作物种植和特色农产品认证工作，培育规模较大的农村专业合作组织。发挥邻近城区和宋河镇等城镇发展区的优势，建立专业化的农产品加工中心，提升农产品附加值。

③社区布点指引：中心社区选择在其行政村驻地村庄，一般社区选择在粮食及经济作物高产区，且在空间上均衡布点，保证耕种半径。

④集并方式指引：体现空间布点的均衡分布，通过基础设施和公共服务设施的配套完善，筑巢引凤吸引人口向社区集中，自然村落进行空心村土地复垦。

3）平原农业型村庄

①服务人口规模指引：2500~4000人。

②产业发展指引：加强土地整理和农业基地建设，大力发展规模高效农业。发展观光休闲农业、市场创汇农业、高科技现代农业等新兴农业，实现农业高科技化、园艺化、设施化、工厂化生产，走高质高效和可持续发展相结合的多功能农业产业发展之路。

③社区布点指引：中心社区选择在其行政村驻地村庄，一般社区选择在农业集中区。

④集并方式指引：推进土地流转和机制创新，以土地整理综合项目为抓手，大力推进自然村落、小村向大村集并居住。

4）城镇带动型村庄

①服务人口规模指引：1500~2500人。

②产业发展指引：距离城镇较近的村庄，依托便捷的交通，以城镇市场为导向发展棚栽蔬果、花卉园艺。尝试引入市场机制，通过城市运营商进行成片"综合开发"的方式，将村庄开发与城镇建设统筹安排。

③社区布点指引：中心社区选择在其行政村驻地村庄，一般社区沿交通线布局。

④集并方式指引：市场行为主导，减少行政干预，多元产业经营，多种集并方式灵活并存。

2.3 县域基础设施规划

对县域综合交通、给排水、电力电信、信息化网络、环卫、燃气等城乡基础设施进行统筹规划，特别注重公交到村、绿道串村、信息化联村、垃圾污水综合处理净村等。

2.4 县域公共服务设施规划

根据京山地区特点确定县域公共服务设施的层级体系，划分为"中心城区—副中心—特色镇区—中心社区"四个层次。县域公共服务设施主要分为两类，一类是全域服务型，一类是半径依赖型。全域服务型公共服务设施主要集中在中心城区和副中心这两个生活圈层，包括县级行政机构、区域大型综合商业设施、小学、初中、高中、专业院校、县级文化中心、县级综合体育中心和多处综合医院等；而半径依赖型公共服务设施主要集中在各个特色镇区和中心社区两个生活圈层，重点布置小学、初中、小型商业设施、镇级文化中心，镇级体育中心、卫生院和卫生站等（图4、表2）。

3. 主要特点

3.1 生态理念贯穿全方案

较为系统深入地完成了基于GIS分析下的生态体系构建，并为城乡政策分区和空间管制提供了科学的支撑，全面考虑县域发展本底、城乡发展空间结构以及指导村镇长远发展，是生态分析和GIS应用在县域城镇村发展生态基底分析方面的完整深入尝试。

3.2 县域多元差异化发展

在新型城镇化指引下，针对京山县山地、丘陵和平原的地理条件制定差异化城镇化发展模式与路

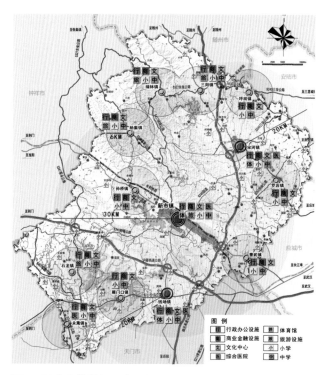

图4　县域公共服务设施规划

表2　生活圈公共服务设施配置表

层级体系	第一生活圈【中心社区】	第二生活圈【特色镇区】	第三生活圈【副中心】	第四生活圈【中心城区】
空间范围	社区，服务半径≤3km	乡镇，服务半径≤6km	县城，服务半径6～20km	县城，服务半径20～30km
界定标准	老人和小学生徒步40分钟	初中学生自行车30分钟	公交行驶15分钟	公交行驶30分钟
服务人口	0.2～1万人	1～5万人	5～10万人	10万人以上
类别	项目	项目	项目	项目

公共设施	类别	第一生活圈	第二生活圈	第三生活圈	第四生活圈
	教育设施	小学（选择性）幼儿园、托儿所	初级中学	初级中学	职业教育
				高级中学	高级中学
	文化娱乐设施	图书室	图书馆分馆	图书馆	图书馆
					博物馆
			文化活动中心	文化中心	文化中心
				青少年宫	青少年活动中心
		小型文化广场	中心文化广场	中心文化广场	综合文体中心、广场
	医疗卫生设施	卫生站	卫生院	综合医院	综合医院
	体育设施	室外运动场	室内体育活动室	室内体育馆	室内体育馆
	社会福利设施	养老服务站	养老院	养老院	养老院
					残疾人托养所
					儿童福利院
	行政办公设施	行政中心	乡镇政府	乡镇政府	县政府
	商业服务设施	农贸市场	商业服务设施	商业服务设施	商业服务设施
		乡村金融服务、超市			
	市政公用设施	垃圾转运站	垃圾转运站	垃圾转运站	垃圾转运站

径，考虑不同地理条件下城镇村三级人口统筹，针对不同地域的村庄进行功能和规模上的分类指引，体现村庄在产业发展指引、社区布点、集并方式、服务范围的差异化特征。

3.3　以人为本的村庄布点

针对京山县村庄数量多、规模小且相对分散的特征，进行大量的田野调查和问卷访谈，摸清乡村发展现状、实际问题和村民真实意愿，采取调研结果与指标设置相结合，指导GIS空间分析技术对中心村庄进行多轮筛选。

3.4　地域特色的村庄建设

以和美乡村为总体目标，对村庄整治类型进行分类，对村庄风貌提出相应指引。根据村庄人口规模、服务范围、产业特性等，实现村庄设施的标准化和差异化配置。

3.5　全域生态下的城乡功能分区指引

"生态立县"是京山的长远发展战略，如何在县域层面将生态战略融入到村镇体系规划中是本次规划的难点，也是全国城乡规划面临的普遍性问题。本规划从生态安全到城乡功能分区再到城乡空间结构，顶层设计，层层递进，指导城市、乡镇和村庄的长远发展。

以"两区、四横、两纵"的生态空间结构为基础，明确城乡功能区划指引，为了适应具体的城乡发展需求，进一步细分为城镇优化发展区、城镇重点发展区、城镇发展培育区、乡村协调发展区、一般生态控制地区、重点生态控制地区六类政策分区，规划从城镇布局、村庄建设以及设施引导等角度对不同政策地区进行政策指引和空间管制。

云南省玉溪市新平县县域乡村建设规划

编制单位：中国城市科学规划设计研究院   华汇工程设计集团股份有限公司
编制人员：李宛莹 黄华帅 徐一鸣 朱世圻 杨 飞 刘姝萍 朱 瑞 李 爽 张梦蓉 牛 璐 黄明宣 杨 凡 刘 鑫

1 基本概况

新平彝族傣族自治县位于云南省中部偏西南，县城驻地桂山社区，距省会昆明市180km，距玉溪市政府所在地红塔区90km。

1.1 行政区划

2011年全县行政区划调整后（撤腰街镇），全县辖桂山、古城2个社区，扬武、戛洒、漠沙、水塘4个镇及平甸、新化、老厂、建兴、平掌、者竜6个乡，共12个乡、镇（社区）。有村民（社区）委员会120个，村（居）民小组1460个。

1.2 人口民族

2013年，新平县行政区范围内的常住人口为31.02万人，世居民族有彝族、傣族、汉族、哈尼族、拉祜族、回族、苗族、白族等，占全县总人口的70.8%，彝族、傣族人口占全县总人口的64.0%（图1）。

新平县聚居了十七个民族，其中，彝族比例最高，而花腰傣是新平县最具特色的少数民族。尽管在总人口比重上低于彝族，但花腰傣族对于新平的区域文化特色有着极高的代表性。

1.3 山脉

新平县境内的山脉主要有磨盘山和哀牢山。哀牢山是世界地质构造结合部，也是云南自然地理分界线，高程分布在364～3166m之间，落差2802m，高落差导致了哀牢山地区垂直地带性差异。

1.4 地形地貌

新平县地处高原山区，境内最低海拔400m，

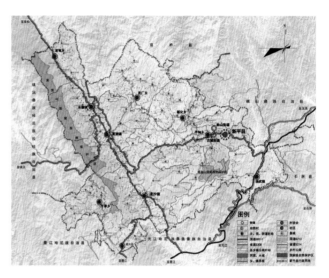

图1 县域乡村现状图

最高海拔2900m，高差较大且地型条件复杂。县域范围内有98%的山地，仅有2%的坝区，其中，坡度大于25%的土地约有1422km²，坡度小于25%的土地约有2800km²。

2 方案介绍

2.1 城乡统筹发展战略

积极推动"就地城镇化为主、异地城镇化为辅"的城镇化发展模式。一方面，推动就地城镇化：通过土地置换和土地整理的综合方式引导农民集聚，建立适宜人居的村镇，发展农村经济、增加农民收入、完善农村基础设施、发展农村社会事业、缩小城乡差距、实现城乡协调发展。另一方面，推进异地城镇化：部分农村劳动力向玉溪中心城区、昆明、东部沿海等经济发达、就业前景好、设施及服务完善的地区流动迁移，融入这些城市。

2.2　空间结构规划

县域村镇形成"一极、两心、三带、三区"的空间结构。

"一极"为县城和杨武组合发展形成的县域中心增长极，强调县城和杨武的功能组合、产业协调、交通一体化发展；"两心"为戛洒镇区、漠沙镇区；"三带"为通过城镇组群的发展和沿交通干道村庄的整治建设，形成的玉元高速、新临公路、楚元公路发展轴；"三区"为县域、杨武与平甸、新化组成中心城镇组群，以综合功能为主；戛洒、老厂、水塘、者竜组成的戛洒城镇组群；漠沙、建兴、平掌组成的漠沙城镇组群。

2.3　"四规合一"研究

以新平县多个事权部门所提供的35个规划为基础，提取各规划中要素，运用GIS软件进行叠合分析划定"六线"、"四区"控制范围，结合相关规范明确"六线"、"四区"的控制要求和主控单位，保证"六线"、"四区"的可实施性及可操作性。

通过"四规合一"全面有效的梳理新平县域内各类规划的衔接问题，为新平县构建"一张图"管理平台打下基础。

县域空间管制基于"四规合一"的基础进行划定，保证空间管制"四区"的真实性、可操作性，实现空间管制规划对县域用地的管控功能。

2.4　城乡统筹的县域基础设施规划

自上而下—区域共享，设施分级配置。按照不同级别分层次，突出在上位规划以及本次规划中的村镇定位，按级别进行设施配置方法，以区域级别为主体。

县城及镇（乡）级按照千人指标进行合理配置；村级兼顾人口及服务半径的需求，在满足千人指标的前提下，服务半径无法覆盖的区域需要新增加相对高等级的配套标准，以达到配套设施的合理化及共享化，实现城乡统筹。

2.5　产业发展研究

（1）乡镇产业发展

县城和杨武镇组合发展形成县域城镇发展重点区，加强县城中心城与杨武板块之间以及内部各村镇的职能分工和空间协调发展，优势互补，突出原有相似性产业的重组。

红河谷地带者竜乡、水塘镇、戛洒镇、漠沙镇四个乡镇形成镇村发展带，通过城镇主导职能分工，加强漠沙、戛洒的产业分工协作，优势互补，突出原有相似性产业的重组。

老厂乡、新化乡组合发展形成中、高海拔山地特色农业发展区；平掌乡、建兴乡形成休闲观光农业发展区（图2）。

（2）第一产业发展—"两轴、四心、多点"

两轴：热河谷农业产业发展轴、主要交通沿线生态农业联系轴；四心：农产品初加工中心、干热河谷农业发展中心、休闲观光农业发展中心、中高海拔山地特色农业发展中心；多点：农贸型重点发展村。

（3）第二产业发展—"一轴、三心、多点、三片"

一轴：新临高速工业联系轴；三心：杨武工业

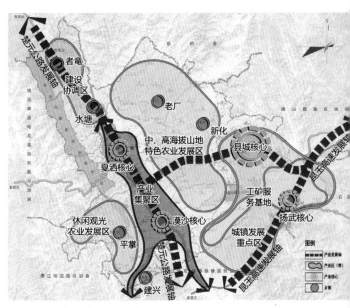

图2　乡镇产业发展规划图

表1 农村生活圈分级构建表

序号	类型	中心位置	主要职能
1	基本生活圈	其他各个行政村	居民的基础服务
2	一次生活圈	重要试点：向阳（者竜）、新寨（戛洒）、亚尼（县城）、尼鲊（杨武）	初级教育服务
3	二次生活圈	者竜乡集镇区、水塘镇区、老厂乡集镇区、新华乡集镇区、平掌乡集镇区、建兴乡集镇区； 13个重点发展村：腰村（者竜）、邦迈（水塘）、耀南（戛洒）、青树社区（戛洒）、大红山（戛洒）、鱼塘（漠沙）、仓房（平掌）、大开门（杨武）、磨皮（平甸）、宁河（平甸）、黑茶莫（老厂）、甸末（新化）、磨味（建兴）	初中级教育、"一村一品"非农产业就业、基础行政管理服务
4	三次生活圈	新平县城-杨武镇区、戛洒镇区、漠沙镇区	县级文化、体育、经济、行政管理、就业等综合服务

物流中心、县城轻工业发展中心、戛洒工业冶炼中心；多点：由三个工业中心辐射周边工业基础的工业产业节点；三片：由工业中心、工业产业节点与周边村庄形成的小区域的工业集中片区。

（4）旅游产业发展—"一线、四心、多点"

一线：沿主要交通网络形成的旅游产业轴线；四心：县城旅游集散中心（县城）、红河谷–哀牢山旅游发展中心、历史文化旅游中心、休闲农业发展中心；多点：旅游型重点发展村。

3 主要特点

3.1 乡镇文化与资源研究

山：新平境内的山主要有磨盘山和哀牢山。哀牢山有两列南北走向山峰线，西侧较高，东侧稍低；属深度切割山地地貌，峡谷众多、"V"谷地形显著，两壁较陡，谷底狭窄；高程分布在364～3166m之间，落差2802m，高落差引起了垂直地带性差异。

水：新平境内有美丽、神秘的红河河谷，有白马三瀑、南恩瀑布、燕子崖瀑布等多个瀑布，有超过20条主要溪流汇入戛洒江，还有阿波黑温泉、黄草坝水库等。

民族：新平县是花腰傣主要聚居地，花腰傣保留了远古傣族的社会习俗和文化现象，以自然崇拜和热情奔放的婚恋传统最具特色。除哀牢山下以外，其余大部为彝族分布；哀牢山上以拉祜族为主；县城区域以汉族为主（图3）。

3.2 农村生活圈规划

县城为中心，增设戛洒、漠沙为重点镇，作为三次生活圈；一般乡镇行政增强服务水平，增设区位条件较好的行政村（即重点发展村），重点发展"一村一品"的特色产业，成为二次生活圈；在区域人口规模及密度集中、交通条件和土地及水资源条件等较好的区域，增设一次生活圈；其他行政村设置基础的居民服务设施，作为基本生活圈（图4、表1）。

3.3 规划平台建设

利用地理信息系统（GIS），搭建新平县域空间管制"一张图"，全面准确地掌握新平县域空间管制要求及事权部门。各部门依据各自事权协同管理，高效行政。

平台建设的成果包括基础底图、空间管制规划、用地存量、城乡用地增长边界、用地冲突分

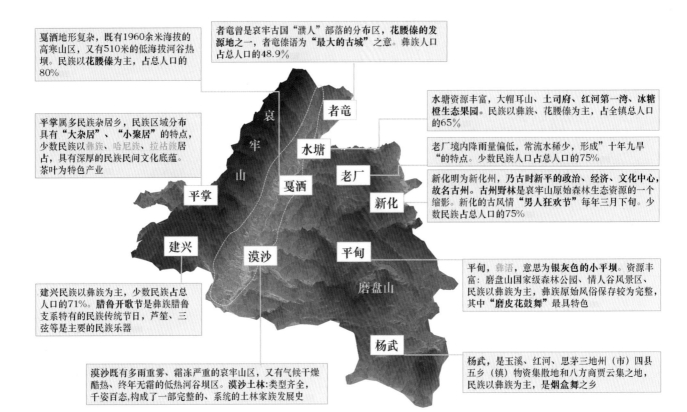

戞洒地形复杂，既有1960余米海拔的高寒山区，又有510米的低海拔河谷热坝。民族以**花腰傣**为主，占总人口的80%

者竜曾是哀牢古国"濮人"部落的分布区，花腰傣的发源地之一，者竜傣语为"**最大的古城**"之意。彝族人口占总人口的48.9%

平掌属多民族杂居乡，民族区域分布具有"**大杂居**"、"**小聚居**"的特点，少数民族以**彝族**、哈尼族、拉祜族居占，具有深厚的民族民间文化底蕴。茶叶为特色产业

水塘资源丰富，大帽耳山、土司府、红河第一湾、冰糖橙生态果园。民族以彝族、花腰傣为主，占全镇总人口的65%

老厂境内降雨量偏低，常流水稀少，形成"**十年九旱**"的特点。少数民族人口占总人口的75%

新化明为新化州，乃古时新平的政治、经济、文化中心，故名古州。古州野林是哀牢山原始森林生态资源的一个缩影。新化的古风情"**男人狂欢节**"每年三月下旬。少数民族占总人口的75%

建兴民族以彝族为主，少数民族占总人口的71%。腊鲁开歌节是彝族腊鲁支系特有的民族传统节日，芦笙、三弦等是主要的民族乐器

平甸，**彝语**，意思为银灰色的小平坝。资源丰富：磨盘山国家级森林公园、情人谷风景区，民族以彝族为主，彝族原始风俗保存较为完整，其中"**磨皮花鼓舞**"最具特色

漠沙既有多雨重雾、霜冻严重的哀牢山区，又有气候干燥酷热、终年无霜的低热河谷坝区。**漠沙土林**:类型齐全，千姿百态,构成了一部完整的、系统的土林家族发展史

杨武，是玉溪、红河、思茅三地州（市）四县五乡（镇）物资集散地和八方商贾云集之地，民族以**彝族为主**，是烟盒舞之乡

图3　乡镇文化与资源图

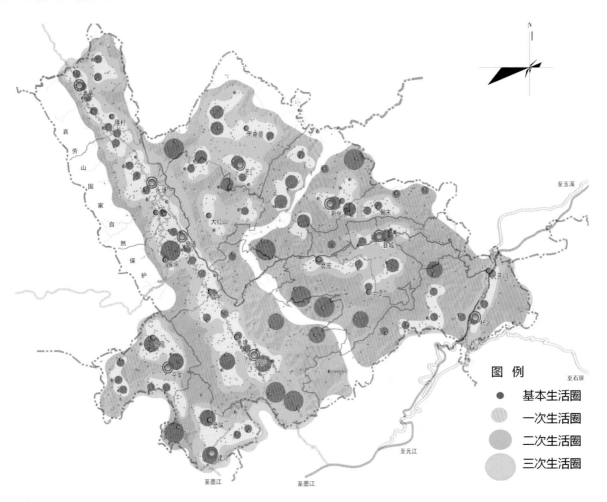

图 例

- 基本生活圈
- 一次生活圈
- 二次生活圈
- 三次生活圈

图4　农村生活圈规划图

析、县域建设用地布局。

3.4 村庄整治类型化研究

（1）安全需求——防治灾害类

安全需求的直接含义是避免危险和对防治灾害的需求，是四个层次中最基本、最强烈、最明显的，对有安全需求的村庄归为防治灾害类。

（2）生存需要——提升生活类

人需要食物、饮水、住所、购买生活用品，这一层次的需要是为了满足生存，对应提升生活类的村庄。

（3）归属乡愁——改善环境类

当安全需求和生存需要都相对充分地获得了满足，一种新需要就会产生，爱、感情和归属的需要，即归属乡愁，对应改善环境类的村庄（图5）。

（4）一村一品——特色品质类

对资源条件较好、文化特色独特、民族风情浓郁、生态环境优美、产业优势明显的村庄，对其特色文化、空间格局、传统民居、田园风光、生态环境等提升，打造一村一品。

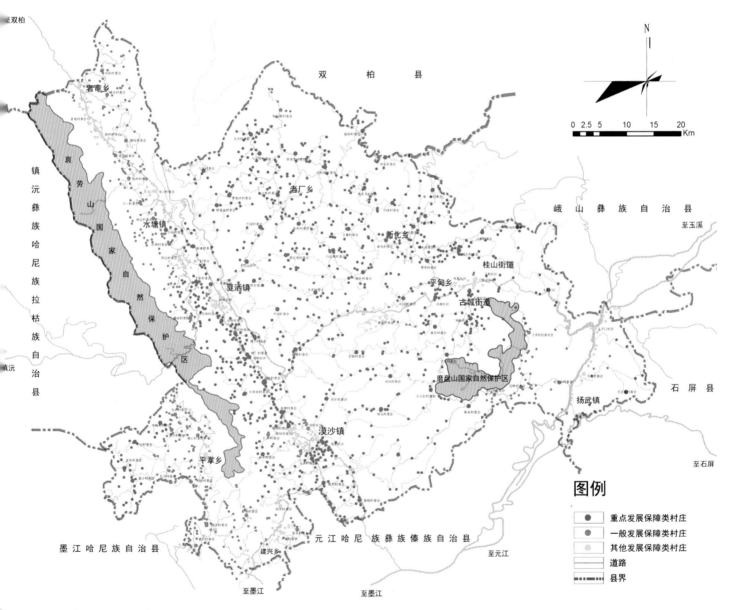

图5 改善环境类村庄整治指引图

3.5 规划实施考评机制

规划实施评价内容体系包括规划目标实施评价、空间发展与落实评价、公众参与及影响评价和措施落实与保障评价四大方面。其中规划目标实施评价包括约束性目标实施、引导性目标实施、规划体系完整性等；空间发展与落实包括空间结构、功能布局、功能建设与落实等；公众参与及影响包括公众反馈渠道、公众满意度等。措施落实与保障包括规划跟踪制度、土地供应制度等。通过规划实施评价机制建立，将规划落实情况予以反馈至规划监管体制。

3.6 动态监管体系

通过对县级（乡镇级）规划实施建设项目信息和村级规划实施建设项目实行动态监管，从而获取实时更新的建设项目进度数据及规划管理体制人员有关信息。建设项目信息和上报负责人信息的月报更新或季报更新，实时掌握项目建设进度，实现有效动态监管。

3.7 "四规合一"的衔接与落地

涉及多个部门的责权，需要多个部门的统筹协调，建立协调机制与实施平台。同时，新平县又是一个用地紧缺，生态保护敏感度较高的地区，更需要在打破原有行政管制的范围内进行"四规合一"。

3.8 空间管制研究

基于"四规合一"要素式的空间管制的方法，明确县域内"四区"的"要素种类"、各类要素的"管控要求"及各类要素的"管控单位"。

镇规划篇

陕西省渭南市富平县淡村镇规划

编制单位：西安市城市规划设计研究院
编制人员：李 琪 宋 颖 郝 钊 白 迎 孙 婷 王 奎 高晓基 苏 钠 董海倩 孙佑铖 杜 亮 高 松

1 基本概况

淡村镇隶属陕西省渭南市富平县，距县城8.6km，距省会城市西安约60km，处在西安1小时辐射经济圈内。

镇域面积69.7km²，辖19个行政村，138个村民小组，总人口4.35万人，其中户籍非农业人口0.14万人，户籍农业人口4.21万人。全镇耕地面积51.3km²，人均耕地面积1.83亩，略低于陕西省农民人均耕地面积（1.94亩）。

随着全省确定的五个现代农业示范基地和省十二五期间重点建设项目之一的富平县淡村镇现代农业产业基地在淡村镇的落户，淡村镇的经济得到了飞速发展。2013年全年固定资产投资达到2.53亿元，农民人均纯收入达到8895元，高于富平县农民人均水平（7760元）。

在自然资源方面，境内有石川河、赵氏河、红星水库、盘龙水库等自然山水资源，生态基底优良。

在人文资源方面，境内红色文化和人文历史资源优势突出，淡村镇是老一辈无产阶级革命家习仲勋同志的故乡，也是其早期从事革命活动的地方；镇域内有历史资源包括荆山山脉、盘龙湾遗址以及多处文保单位和众多非物质文化遗产。

目前镇区位于淡村村，镇区建设现状呈差异化分布，位于北部的新镇区街道红线过宽、建筑尺度较大、配套标准较高、现代气息浓厚。南部的老镇区在公共设施、基础设施、居住环境等方面的建设都严重滞后。

2 方案介绍

2.1 定位与规模

（1）规划定位：以现代农业为主导，集旅游休闲为一体的关中田园小镇。

（2）人口与用地规模：结合相关增长率预测规划期末镇域人口规模5.17万人，镇区人口规模为1.3万人，镇区用地规模为1.43km²。

2.2 产业规划

规划结合区域城镇产业发展现状及自身产业基础，实行产业特色发展，差别化发展，规划期末形成：以现代农业、红色文化旅游为主导，以综合服务为补充的产业发展体系。

结合镇域现状产业发展基础、资源分布情况，形成"两区、一廊、两基地、多节点"的产业结构。产业发展向园区集中，农业用地集中经营。依托习仲勋故居，打造全国红色文化教育基地。

2.3 镇村体系

规划在现状调研数据的基础上，通过对各村规模、交通、收入等因素对比来衡量淡村镇各村综合竞争力，确定中心村。按照"镇区—中心村—基层村"三级结构进行划分，以点带面，优化整体经济发展布局。规划在遵循村庄自然生长的基础上，结合地质灾害、遗址分布、农业产业园区建设，进行适度整合。在空间上形成"一核、三轴、三区、两廊、多节点"的结构。

一核：以镇区和产业园核心区为中心形成整个镇区的核心发展区。

三轴：沿国道210的南北向发展轴，沿富淡路和高速连接线的两条东西向发展轴。

三区：南部发展区、两河生态控制区、北部发展区。

两廊：由石川河和赵氏河流域形成的生态景观

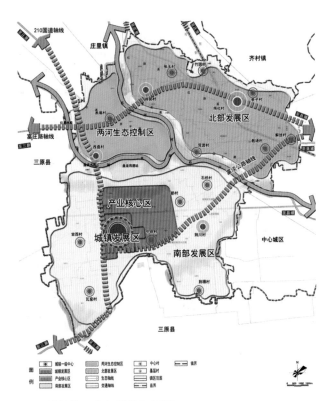

图1　镇村体系空间结构规划图

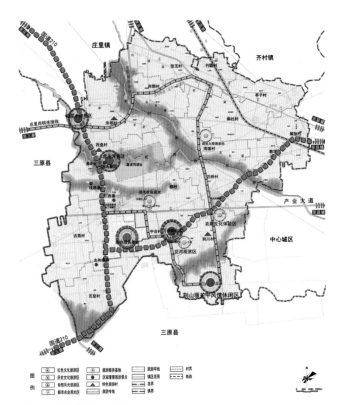

图2　镇域旅游规划图

廊道。

多节点：区域内以中心村为极核的发展节点。（图1）。

2.4　设施配建

规划以构建合理的农民生产生活服务圈为基础，建立分级公共服务体系，聚集公共服务设施。按照行政管理、教育机构、文体科技、医疗保健、商业金融、社会福利、集贸市场7类公共服务设施进行配置和布置。

2.5　旅游协作与文化保护

规划加强区域旅游协作，发展红色旅游，加强与西安、延安、照金、三原等周边地区及全国其他红色旅游经典景区的跨区域合作，融入大区域红色旅游线路。

加强对镇域内物质文化遗产和非物质文化遗产以及古树名木的保护。确定保护原则，并根据不同的内容制定保护措施，同时构筑多方面的历史文化遗产展示体系（图2）。

2.6　多规合一

以土地利用总体规划为基础，以国民经济与社会发展规划纲要为指导，研究镇域城乡空间的控制体系建设。统一建立"一张蓝图"、"一个信息平台"、"一个运行实施方案"，实现对镇域发展和建设的管控（图3）。

2.7　村庄建设导引

规划对镇域内的村庄建设提出导引，确定村容村貌整治原则，村庄改造规划策略，村容村貌整治措施。分析渭北传统民居特点，对村宅提出意向性方案（图4）。

2.8　镇区布局

充分分析老镇区传统建筑、街坊尺度，街巷空间以及路网布局形式，在新镇区布局中结合现代建筑尺度、生活方式，对传统空间及街巷肌理加以延续，形成新老镇区的有机融合。规划将镇区周边五个自然村保留并纳入镇区，发展乡村旅游，形成镇区、村庄、农田的有机融合。镇区在用地布局上充分考虑产城一体和红色教育服务基地的需求（图5）。

规划依据城镇性质，结合淡村镇的周围环境、对外交通、自然历史特征条件等因素，将淡村镇区空间结构概括为"一心、两区、两轴、多节点"（图6）。

一心：镇区综合服务中心。

两区：新区综合发展片区：结合文体中心、便民服务中心、镇医院及幸福家园社区的建设形成镇区的综合发展片区。老区生活片区：延续老区城镇肌理，形成老区居民生活片区。

两轴：幸福大道形成的镇区产业配套和旅游服务发展轴线；沿富淡公路形成的老区生活发展轴。

多节点：包括片区节点、特色村庄节点。

3 主要特点

规划重点内容与村民意愿相结合。

以建设美丽村镇、改善农民生产生活条件为目标，通过调研增加科技站、综合服务站、养老服务站等公共服务设施内容，完善境内村庄排水、垃圾收集等基础设施，丰富方便群众生活（图7）。

3.1 基于公众参与的镇级城乡统筹规划

规划采用现场踏勘、资料收集、部门咨询、问卷发放、入户访谈等调研方式，对镇域内的人口与就业、传统文化与建筑、环境问题、生产生活方式以及村民发展意愿等内容进行了详细调研。规划针对西部地区资料缺失的情况，设计并发放了基础数据统计表，详细统计每个自然村的人口与用地构成、外出务工、留守村民、设施分布等情况。

规划改变以往的重镇区、轻镇域的规划模式，从全域视角分析产业布局、公共设施、交通联系等内容，同时将镇域内的村庄发展与建设作为本次规划的重点。

规划编制方法采用"深入调查研究、科学规划定位、多规融合衔接、统筹城乡布局、制定行动计划"的技术思路。

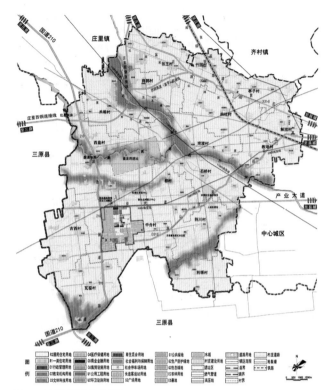

图3 镇域用地规划图

图4 镇域村庄建筑整治意向图

规划编制内容体现"产业引领、因需配置、文化传承、生态优先"的总体原则。

3.2 农村生活圈构建

规划引入农村生活圈的概念，通过在镇区、中心村、村庄建设相应等级的设施，实现基础设施全覆盖和公共服务设施均等化布局。

在学校配套设施内增加食宿等配建内容，从而增加学校的服务半径，解决家远学生上学困难的问题。

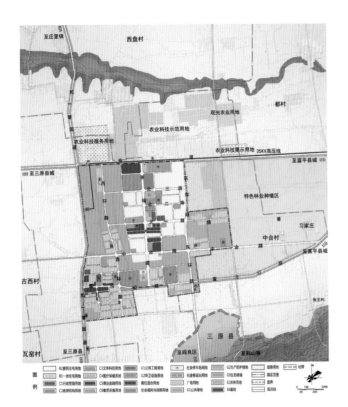

图5 镇区土地利用规划图

图6 镇区空间结构图

3.3 遵循村庄生长规律适度进行整合，提出村庄发展及风貌导引

规划对村民进城上楼的生活模式进行反思，更多的遵循村庄发展的自然规律，遵循村民的发展意愿，尊重城镇发展自然规律，理性对待村庄的拆迁与撤并。结合地质灾害、遗址分布以及农业产业园区建设等因素对镇域内的村庄进行适度整合。

根据资源禀赋和发展条件对境内村庄进行分类发展导引，并针对各自的特点提出相应的发展建议，纳入镇政府行政考核。

分析渭北地区传统建筑特色，提出村庄建筑导引（图8），对建筑色彩、屋顶形式、墙面、墙基、门窗等提出建设要求，并依据导引提出意向性村宅方案。

3.4 多规划融合

通过与县级政府沟通及相应工作机制的促进建设，保障"多规合一"的常态化管理，构建规划管理平台。保证重点项目的落实和项目批后的统一管理。

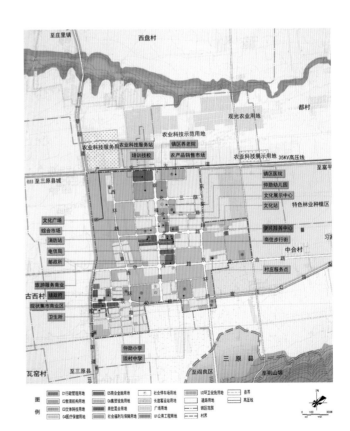

图7 镇区公共服务规划图

图8 镇域村庄建筑导引

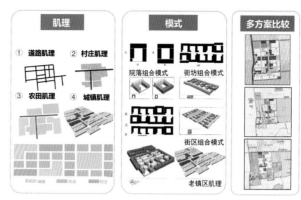

图9 镇区肌理分析图

3.5 镇区肌理延续

规划对老镇区的传统肌理进行分析,在老镇区保留传统肌理,适当增加开敞空间。新镇区规划结合现代建筑尺度和生活方式,对传统空间及街巷肌理进行延续(图9)。

3.6 生态环保技术运用

规划在镇区及各中心村设置小型污水处理站,分散处理污水,出水水质应符合农田灌溉标准。同时对处理工艺进行了研究,目前已在镇域内试点推广。规划针对农村垃圾污染严重问题,在垃圾处理方式上采取了村集中、镇压缩、县处理的处理方式。

山西省高平市马村镇规划

编制单位：山西省城乡规划设计研究院

编制人员：程俊虎　张莎伟　宋　玲　王　勇　王燕青　王晋芳　曲孟婕　魏思远　杨　栗　翟顺河
　　　　　郭　创　邵丽峰　白新强

1　基本情况

马村镇隶属山西省高平市，位于高平市西南部，镇域总面积65.6km²，下辖25个行政村，镇域总人口3.5万人；镇区内包括马村、陈村、唐东、唐西四个行政村，镇区总人口1.5万人，镇区距高平市区15km。

1.1　交通条件

镇域交通条件较为一般，主要道路为东西向的沁辉公路（县道），南北向巴马公路（县道），以及一条煤炭运输专线。正在建设中横穿镇域的高沁高速公路（在马村镇区南设有出口）将极大提高马村镇的对外交通水平。

1.2　经济发展

马村镇煤炭资源丰富，是高平市的经济重镇，现有主要工业企业18家，产业类型以煤炭采掘、炼焦、化工、水泥等传统产业为主。

2013年，全镇经济总收入达41.11亿元，占高平市的1/3，其中工业收入35.11亿元，占高平市的56%。

1.3　文化底蕴

马村镇历史悠久、文化厚重，早在旧石器时期，就已经有人类活动，是中华民族人文始祖炎帝的主要活动区域之一；村名来源于历史上著名的长平之战，传说秦军曾在此驻扎，经常到村南一条河里饮马，马村因此而得名。

镇域内遗址和典故丰富、古建成群，有高平关遗址、长平之战传说、高平关传说、大量碑迹、诗篇以及中国历史文化名村、传统村落—大周村；同时，有剪纸、花馍、戏曲等多样的民俗。

1.4　城镇建设

马村镇城镇建设源于镇域工业发展。2002~2011年，随着煤炭行业火爆增长，城镇建设水平达到历史最高位；2012年开始，在国家经济转型发展的大背景下，以传统行业为主的工业发展进入"寒冬"，多项已规划设施停建。可以说，马村镇正处于资源型重工经济短期财富积累向长期可持续发展转变的十字路口。

2　方案介绍

2.1　发展定位

山西省循环经济发展示范镇，以新材料、新能源、现代农业为主要发展方向的马村人民乐享家园。

2.2　镇产联动

（1）结构升级，促进工业可持续发展—工业新型化

规划从发展方向和空间布局方面对未来企业发展做出指引。

工业循环化：以煤炭资源为基础，逐步延伸产业链，发展循环经济，在传统煤化工基础上，向现代煤化工延伸。工业清洁化：产业发展以清洁能源（新能源）和新材料为主导，同时侧重于低耗能、低耗水企业。工业集聚化：依托高平煤电化产业园，在康营村建立新能源、新材料企业集聚区。

同时，规划对传统产业的发展提出"改、控、关、整"的指引方针。改：逐步完成传统工业技术和工艺改造，使其成为环境友好型产业，并在行业

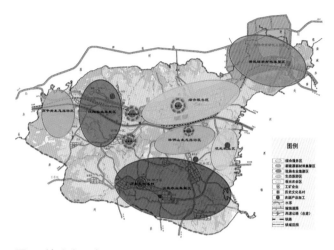

图1 镇域产业发展规划图

内具备领先地位；控：对于现状的传统产业，不宜进行产能和规模的继续扩张；关：逐步限制和关停具有污染性质的小企业、小作坊；整：逐步对工业园区以外的工矿用地进行整合。

（2）挖掘潜力，促进农业发展壮大——农业精细化

强化设施建设：工业反哺农业，以政府投资和吸引社会资金为主导，强化蔬菜大棚、水利工程等农业基础设施建设。

加强发展指导：建议以马村镇政府为主导，成立农业发展服务公司，加强对农户的组织、管理和指导，增强农业发展抵御市场风险的能力。

优化空间布局：宜聚则聚，宜散则散。

（3）挖掘潜力，促进第三产业发展壮大——三产多元化

整合镇区商业服务设施，提升面向全域的商业服务水平；依托工业园区，形成区域物流节点；依托良好的生态资源、人文景观资源，发展生态旅游、人文景观旅游。

（4）产业融合，促进三次产业联动发展

农业向工业渗透，发展农副产品加工业；农业向旅游业渗透，向农业观光、农业采摘、乡村旅游发展；农业向商贸业渗透，在镇区建立蔬菜批发市场，形成区域蔬菜集散中心；工业向物流业延伸，依托工业园区、煤炭运输形成区域物流节点；工业

向景观旅游拓展，改造废弃工业用地，形成景观节点，打造全域景观（图1）。

（5）关注民生，促进镇域居民就地就业

一户一棚，农民自己当业主；依托设施农业发展，建立农副产品加工企业，促进农民就地就业；新型工业发展前景良好，工业园区将是吸收农民就业的重要平台；农贸、物流、旅游业的进一步发展也为农民提供了就业机会。

2.3　两规合一

（1）城乡用地分类与土地利用分类对接

规划通过整合城镇用地分类标准和土地利用规划的用地分类标准，针对马村镇的实际用地特点，提出四类城乡用地类型：城乡居民点用地、工业和采矿用地、耕地以及生态用地。

（2）城乡居民点用地规划

在城乡建设用地现状基础上，规划对4处居住用地的面积和空间形态进行了调整，分别是柳沟、麻底沟、镇区以及康营村。在居民点规划中，柳沟和麻底沟将撤并，现有村庄建设用地复垦；镇区和康营村是未来新增人口的主要承载地，居住用地面积将出现相应增加。

（3）工矿用地规划

规划在充分和镇政府、村委会沟通的基础上，基于对村庄未来产业发展的判断，采用"刚性+弹性"的方式对镇域内的工矿用地进行整理。"刚性"体现在：保留一部分工矿用地（即使现在处于废弃状态，但未来仍然有可能得到工业企业利用的用地）；坚决取缔一部分工矿用地，并对其还林还草，用地性质调整为林草用地。"弹性"体现在：将整理出的建设用地指标作为允许建设用地指标分配给镇区和工业园区，作为镇区和工业园区的备用地。

（4）耕地规划

规划结合土地利用总体规划以及本次镇域用地结构的调整，确定耕地最低保有量。

（5）生态用地规划

规划将林地、草地以及自然保留地纳入生态用

地范畴，在现状基础上做了适当调整。

2.4 生产生活圈构建

（1）镇域一刻钟交通体系构建

为了对农村生活圈的构建起到支撑作用，规划首先构建了"两环、两横、三纵、多辐射"的镇域一刻钟交通体系，保证镇区与镇域主要交通节点之间的公交通行时间在一刻钟以内。

（2）镇域村镇体系规划

规划形成"一核、一环、五居、多点"的村镇体系布局结构。

"一核"：马村镇区（马村、陈村、唐东、唐西）；"一环"：马村—唐西—古寨—大周—东宅—马村，连接镇域三大组团；"五区"：五个片区，东周片区、东宅片区、古寨片区、康营片区、崛山社区；"多点"：其他村庄（图2）。

（3）镇域基本公共服务配置规划

根据村镇体系布局，确定不同的居民点的公共服务设施配置标准，包括行政管理、教育、医疗服务、文体服务、金融服务以及商业贸易等（图3）。

（4）镇域基础设施建设规划

规划建立了基础设施项目库，明确镇域范围内需要建设的基础设施，包括给水工程、污水处理工程、雨水工程、电力工程、燃气工程和环卫工程（图4）。

（5）大工业进区、小工业进镇、进生活圈

从方便农民就业的角度出发，镇域工业用地布局规划提出"大工业进区、小工业进镇、进生活圈"的思路（图5）。

2.5 生态环境保护

（1）工业用地的整合

全镇域保留六处规模较大的采矿用地，其余还林还草，清理出63.2hm^{2}的用地指标。

（2）生态屏障构建

依托高平关、卧佛山等自然山体，构建区域生态屏障，对此类生态保护区域应限制建设（图6）。

（3）城乡绿地布局

城乡居民点根据不同的人口规模，服务半径设

图3 镇域公共服务配置图

图2 镇域村镇体系规划图

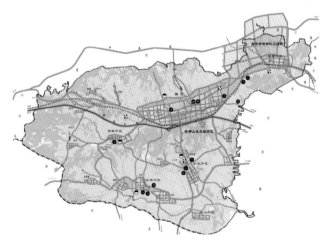

图4 镇域基础设施规划图

置一定规模的公园绿地以及绿化广场，为居民提供休闲娱乐的场所（图7）。

（4）采空区治理

煤炭采掘造成的采空区对居民生产生活和生态环境保护带来很大问题，规划提出了切实可行的采空区治理措施。

2.6 镇域空间管制

规划从可持续发展的要求出发，在对城镇建设空间进行控制的同时，对非城镇建设空间也实施有效管制。

综合耕地保护、生态保护、文物保护以及镇村建设等因素，进行镇域空间管制区划，将城乡用地划分为禁止建设区、限制建设区和适宜建设区（图8）。

2.7 文化传承

（1）大周村整体保护

大周村是历史文化名村、传统村落，村庄格局清晰独特、历史悠久，存有多个时期的大量建筑，其中以明清和民国时期建筑为主，是一座典型的晋东南地区古村落。围绕大周古村，形成历史文化旅游区（图9）。

（2）老镇区分片保护

根据对马村镇区现状的调研，老镇区中具有较高历史价值的地段分别为府前路南面的片区、城门路东面的片区以及陈村以苏家大院为主的片区，均为古民居院落群，这些片区的现状民居具有典型的晋东南特点，但是很大一部分较为破旧，因此在保护的基础上应对其进行修缮维护。

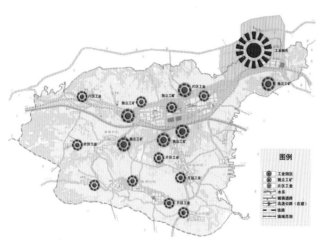

图5 镇域工业布局规划图

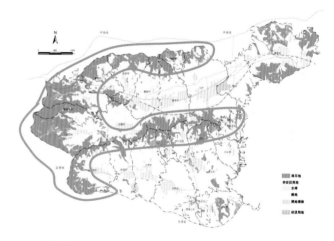

图6 镇域生态屏障构建图

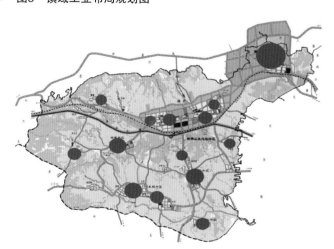

图7 城乡绿地布局图

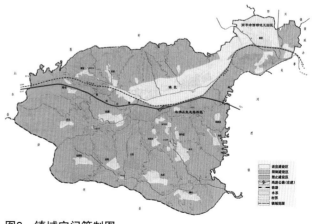

图8 镇域空间管制图

（3）历史文物散点保护

主要指的是分布于镇域各村的寺庙建筑，如康营村成汤庙、东周村仙师庙、大周村资圣寺等。

2.8 镇区规划

规划形成 "两心、两轴、四组团" 的镇区空间结构（图10、图11）。

①两心：规划老镇区在现有商业步行街的基础上进一步拓展，利用老镇区现状可利用及可置换土地，形成镇区的主要活动中心，以商业金融、行政办公、居住、休闲功能为主，位于御马大道和府前路交汇处；同时沿御马大道在镇区西部利用现状废弃的唐丝厂，对其进行改造，打造镇区次要的商业休闲活动中心。

②两轴：镇区在现状御马大道发展轴的基础上，新增城镇滨河景观轴，形成御马大道发展轴以及饮马河滨河绿化景观轴两条轴线。对御马大道进行优化，对两侧的可利用土地进行优化和控制，留出更多的公共开敞空间；对滨河南北路两侧的土地和建筑形态进行控制，优化镇区滨河景观轴线。

③四组团：规划形成东部居住生活组团、中部商贸物流组团、中西部居住生活组团以及西部煤炭工业组团，四个组团通过两条轴线进行串联；东部、中西两个居住组团分别设置社区中心，打造组团步行景观轴线；组团与组团之间预留生态绿地，形成绿廊。

2.9 景观风貌塑造

重点整治河流、耕地等自然景观要素以及建筑、广场等人工景观要素，在此基础上探讨了基于整体性、延续性、意向性、引导性四个方面的小城镇风貌设计引导方法。

镇区在现状御马大道发展轴的基础上，强化镇

图9　大周村风貌及民俗

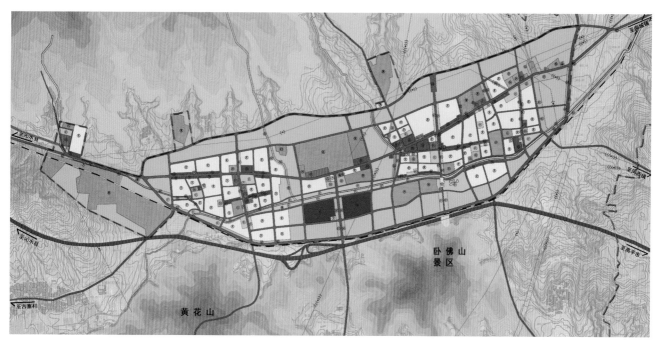

图10　镇区用地规划图

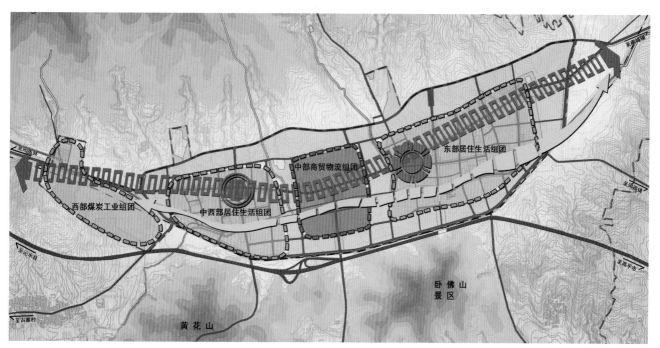

图11　镇区功能结构规划图

区滨河景观轴,打造镇区双轴串组团的发展模式。规划沿饮马河两侧发展用地,增加亲水开放空间,保留镇区及周围山体和农田景观,留出绿化通廊,构成内呼外应、网络交织的绿地系统。

(1)镇区绿地系统规划

①镇区绿环:沿镇区南北环路形成的道路防护绿地以及田园。

②滨河绿化带:依托饮马河形成的滨河绿化带,根据不同的用地布局打造不同类型的绿化。

③生态绿化通廊:镇区各个组团之间依托截洪沟、林草地、耕地等形成的生态绿化通廊。

④公园绿化节点:不同层级的绿化中心和绿化节点,御马公园、陈村公园、唐东公园、唐西公园等。镇区重点突出一条景观中轴线、一条滨水景观

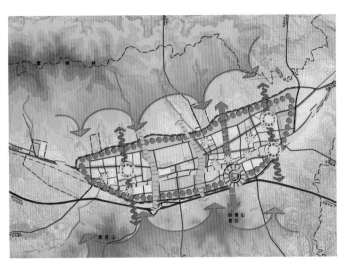

图12 镇区绿地系统规划图

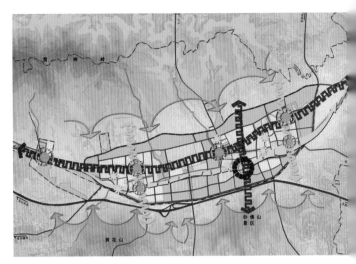

图13 镇区景观系统规划图

带和四个重要节点的建设，要着力营造具有文化底蕴的生态、旅游城镇，提升城镇的景观面貌和城镇形象（图12）。

（2）镇区景观系统规划

镇区景观结构可以概括为："一心、一带、四轴、多点"。

①一心——景观核心：依托御马广场、御马公园以及公共建筑形成的镇区景观中心。

②一带——滨水景观带：指沿饮马河两岸形成的景观带，与周边自然景观共同构成"群山环抱，碧水杏然"的美丽画卷，同时为城镇居民提供休闲、娱乐的场所。

③四轴——景观轴线：依托御马大道及城门路形成的镇区主要景观轴线（城门路为景观中轴线）、依托陈村路与唐安路形成的镇区次要景观轴线。

④多点——景观节点：指镇区南面卧佛山景观节点、东西两侧入口处的门户景观以及各个社区公园等。其中卧佛山为镇区南面至高点，与镇区遥相呼应，形成强烈的视觉冲击景观效果（图13）。

3 主要特点

3.1 围绕工矿型城镇的特殊性开展研究

围绕"工矿型"这一核心，规划以马村镇为研究对象，总结提炼出山西省工矿型城镇在发展过程中存在的三个特殊性问题：如何加快工业结构升级，促进工业可持续发展？如何统筹工矿发展和居民生产生活的关系，促进民生可持续发展？如何协调工矿发展和生态环境的关系，促进生态可持续发展？

规划针对以上三个问题，提出工业新型化发展和管理体系、产（企业）居（居民）关系提升和改善措施、空间开发管制标准等具体的解决方案。

3.2 镇域一体化规划

马村镇作为山西省内比较典型的工矿型城镇，几十年来一直以煤炭采掘及相关产业为主导。经过近60年的高强度开采之后，空间资源的短缺已经成为镇域发展的主要矛盾，居民生活保障、生态环境保护、企业发展诉求等各方利益主体对空间资源的争夺已变得非常激烈，迫切需要在镇域范围内建立一整套空间开发秩序来协调各方利益冲突和矛盾，引导镇域实现可持续发展。

规划提出镇域一体化规划，从镇域发展定位、镇域产业规划、镇域村镇规划、镇域生态保护规划、镇域用地规划、镇域生活圈构建（图14~图16）、镇域景观塑造等各方面对镇域空间的开发和保护进行引导和规范。

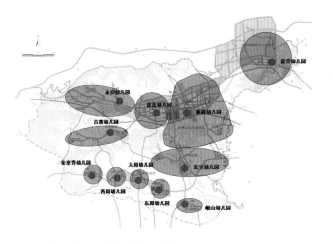

图14 镇域幼儿园服务范围重构图

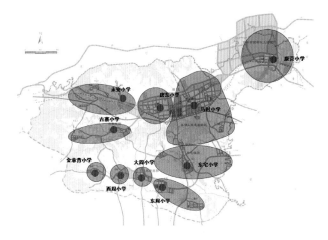

图15 镇域小学服务范围重构图

3.3 镇区用地布局原则

（1）尊重并强化现有村庄生活聚落

马村镇区是在马村、陈村、唐东、唐西四个村庄的基础上发展起来的，规划保留现状的村庄生活聚落，不搞大拆大建，要始终坚持生活的延续性和文化活态的保护，尊重当地生活习惯，加强对传统民居聚落的保护以及当地居民文化的宣传，形成以村庄为基本单元的社区网络。

（2）强化生态空间廊道

生态廊道规划是城镇绿地系统规划中的一项重要内容，是构建城镇绿色网络的基础。镇区依托饮马河及其南北向冲沟形成了多条绿化通廊，这些生态廊道网络有效地组织了镇区的空间格局，在一定程度上既控制了镇区的无节制扩展，也强化了镇区景观格局的连续性。

（3）与土地利用总体规划衔接

土地利用总体规划与城镇总体规划的有效衔接是实现土地优化配置的关键。马村镇区总体规划应与马村镇土地利用总体规划衔接，切实保护

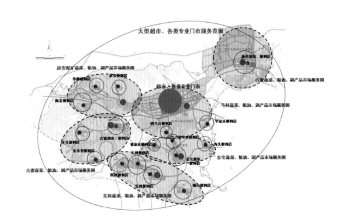

图16 镇域商贸服务范围重构图

和节约土地资源，用地规模不得突破土地利用总体规划。

（4）与煤层关系的协调

镇区现状拥有唐安煤矿与马村煤矿两家规模较大的煤矿企业，煤矿所在场地的四周开发建设应注意与煤层分布范围之间的协调，应该对受采煤影响的区域采取一定的防护措施，避免煤矿开采对本地区生产生活带来的影响。

湖南省郴州市汝城县热水镇规划

编制单位：湖南省规协城乡规划设计咨询有限公司
编制人员：郭　丽　陈震宇　李烨敏　朱贵泉　陈炼获　陈　虹　赵华禹　熊　玲　文晔灿　张紫婷　龚玉兰
　　　　　孙　亮　周　辽　张　树　李龙林

1　基本概况

热水镇位于湖南省东南部，属湘粤赣三省交界处，素有"脚踏三省、鸡鸣五岭"之称。由于热水镇独特的自然景观、民族文化以及国内罕见98℃"氡泉"等资源条件，连续多年被评为全国重点乡镇、全国环境优美乡镇、湖南省特色旅游名镇、国家AAAA级旅游景区。

热水镇隶属郴州市汝城县，辖1个居委会和12个建制村，镇域土地面积138.74km^2，2013年末，镇区建设用地面积为0.75km^2。镇域总人口为10783人，2703户，其中镇区常住人口为3082人，543户，城镇化率为28.58%。

1.1　地形地貌

热水镇属典型的山地乡镇。热水镇周边山峦起伏，东面张网岭，西面钩子岩、大树窝，峰峦绵亘，云腾雾霭，蔚为壮观。境内呈四周高山耸立、中间凹陷平坦的地形结构，其中地热田所处的镇区周边地势平坦。

1.2　交通区位

随着厦蓉高速、平汝高速开通后，热水镇纳入了长株潭经济核心4小时半径圈内。厦蓉高速位于镇北侧，通过县道011线（益热公路）以及县道010与热水镇进行交通对接。县道011线与010线现状路面为沥青路面，沿线装置路灯，通行质量好，即将升级为省道。

1.3　核心资源

地热资源——热水温泉是湖南省最大的天然热泉，具有温度高（98℃）、流量大、水质好的特点。有"华南第一温泉"和"国家第一氡泉"的美

图1　热水镇温泉

誉（图1）。

生态资源——全镇森林覆盖率86.5%，以阔叶林、原始次生林和楠竹为主的森林资源丰富。现状已经开发的景点有飞水寨瀑布、南国天山草原、古冰川遗址等自然景观。

人文资源——镇域范围内有保护较好的畲族村落，并保留了畲族原生态的民族文化，同时有蜗牛塔、仙人桥、牛头岭商代遗址等人文景点。

1.4 社会经济发展

热水镇现有主要产业为楠竹、水稻制种、兰花和温泉休闲等。

2013年，全镇实现国内生产总值9107.90万元，三产结构比例为45：20：35。经济结构以第一产业为主，近年来依托国内罕见的"氡泉"以及"南国天山"等旅游资源发展，第三产业对镇域经济贡献率日益明显。

在总产值不断增加的前提下，热水镇城镇居民可支配收入及农民人均纯收入也呈增长势态，但从数据上来看，热水镇城乡收入差距在不断扩大（图2），说明近几年热水镇旅游产业的开发，在利益分配上，农民并未真正受益。

1.5 村庄建设

由于热水镇属于典型的山区，受地理条件以及用地条件的限制，热水镇各村庄都普遍存在规模小且分散的情况。

热水镇12个建制村，97个居民点，平均每个建制村有8个居民点。居民点规模以20户以下以及20~30户为主。

现状教育、医疗、农贸市场等基础设施大多集中在热水镇区。村庄各项设施建设薄弱，如67%的村庄未通硬化道路，84%的村庄未完成农网改造，73%的村庄未建设集中供水设施。

村庄建筑质量普遍较差，外立面多为清红砖。村庄内部空间凌乱，空心房、危房较多，村容村貌有待提升。

村庄传统空间形态正在消亡，村民新建房多为砖混小洋房，与热水镇传统建筑格格不入。

1.6 镇区建设

热水镇镇区主要位于热水村内，主要沿热水路呈带状发展。现状城镇建设用地75.22hm²，常住人口3082人，人均城镇建设用地约244m²。

当地政府为支持热水镇休闲旅游产业的发展，加大了相关基础设施建设。城镇建成区由2009年的0.48km²发展到2014年的0.75km²。

镇区已进行立面整治，体现了一定的湘南地域与民族文化气息，镇区旅游接待设施严重缺乏，过境车辆与内部交通在镇区相互交织、相互干扰。

1.7 现状总结
1.7.1 优势条件

资源禀赋优越：随着大众消费、休闲方式的改变，热水镇已形成民族文化为底蕴、生态景观为支撑、优质温泉为核心的相对完整的资源体系，构筑了多元化旅游产品的基础。

已形成品牌效应：在政府的大力推动下，通过举办国际温泉旅游节、帐篷节、风光摄影节等活动，热水镇的温泉休闲产业在周边市场已有一定的品牌效应。

交通瓶颈正在逐步打开：受交通条件的影响，多年来热水镇主要是"政府投资主导"的建设模式。大部分的社会资本始终在外围徘徊，平汝高速

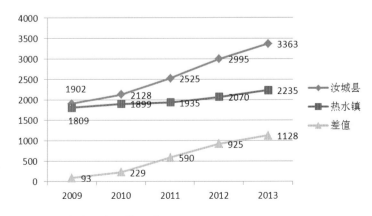

图2 近五年农民人均收入对比图

以及厦蓉高速开通后，热水镇将面临一个较为开放的全新的市场体系，引入更多的社会资本，促进其快速发展。热水镇正处于厚积薄发的阶段。

1.7.2 劣势分析

旅游产品不成系统：热水镇现状主要旅游产品为泡浴层面的温泉休闲、南国天山景区，产品单一，接待设施有待完善。

难以通过自身力量或仅靠政府投入实现发展与产业提升转型：现有市场体制中，由于热水镇发展基础薄弱，长期政府主导的建设模式不具有可持续性，需要借助外力作用才能带来新的发展动力。

民众生产生活设施不完善，经济收入不高：在镇域范围内，农田水利、道路交通、基础教育、医疗等设施欠缺，现代农业发展缓慢，劳动力以外出务工为主，经济收入较差。

2 方案介绍

2.1 产业发展规划

在市场经济体制日益完善以及农村土地制度即将面临改革的背景下，农村与城镇的产业发展具有太多的可变性。我们规划的重点并非搬运城市规划的模式划分理想的产业分工与布局，而是了解市场、解读市场方向并合理引导市场，为各种产业发展的可能提供万事俱备的基础设施平台以及储备更好的资源，包括产业资源与智慧资源。

2.1.1 产业发展分析

立足自身资源：整合自身资源为主。

立足区域性产业发展：热水镇周边区域中有九龙江国家森林公园、热水汤河风景名胜区等旅游产品，应与区域进行产品对接。

立足特色产业发展：在区域产业片区发展中，以自身优质资源（温泉、民族文化、田园乡野等）形成区别于区域的个性旅游产品。

2.1.2 主导产业定位

结合镇域的自然资源与人文资源，考察区域性产业发展的条件与环境，了解市场需求，规划建议热水镇的产业定位为：以现代农业生产为基础，以温泉休闲、乡村度假旅游为主导的产业体系。

2.1.3 产业发展具体措施

重点考虑民众参与度，以实现村民致富、宜居乐业的总体目标（图3）。

现代农业生产：重点项目为楠竹、竹米种植、特色兰花培育。通过生产基础设施的改善、土地流转集约使用，引导村民大力参与，实现村民致富，同时使农业产品景观化，极品兰花、竹稻梯田以及万亩竹海景观，为乡村旅游提供平台。

乡村旅游：重点项目为乡村原野、休闲、运动、农耕文化教育（结合南国天山、飞水寨、冰川等景点）。乡村旅游以当地村民为经营主体，通过相关职能培训，乡村旅游项目突破农家乐形式，增加民俗文化、运动休闲、静心养身等项目。

温泉休闲：重点打造温泉小镇、高档温泉酒店以及相关配套温泉休闲产品。以企业和专业机构为经营主体，鼓励村民参与链接产业以及相关就业。

2.2 镇域规划

2.2.1 镇域保护规划

生态空间保护：通过生态敏感性以及土地开发容量分析，确定镇域范围内的禁止建设区、限制建设区以及适宜建设区，划定永久性生态空间（图4）。

地域特色与乡土文化保护：我们应该保护一种完全区别于城市的新的乡村发展形态：包括农耕文化景观、田园景观、农村风土人情等有形和无形资源。在热水镇镇域范围内，分布有古井、大树、松树林、特色石板、家族祠堂等具有地域特点的传统要素。这些要素不具备保护等级，却承担着一部分当地记忆传承以及民族文化寄托。本次规划对此类要素进行提炼，并提出保护措施（表1）。

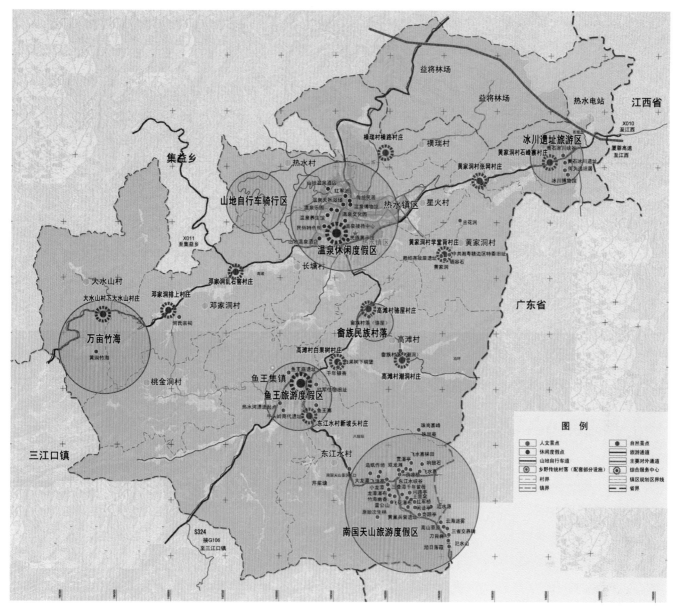

图3　镇域产业发展规划图

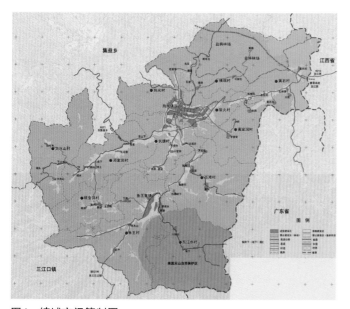

图4　镇域空间管制图

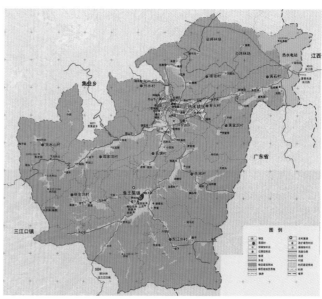

图5　镇域村镇空间布局规划图

表1　镇域特色要素保护一览表

村名	村庄名	要素
热水村	范家屋场	千年古井
邓家洞村	排上	何家祠堂
高滩村	骆屋	畲族传统村落、家族祠堂、江舟心松树林
	潮洞	畲族传统村落、家族祠堂
	白果树下	千年银杏
鱼王村	鱼王店	鱼王庙遗址
黄家洞村	张网	石斛、野生兰花基地
	小岭	千年古树
	学堂背	晒谷石、赖绍尧故居、中共湘粤赣边区特委旧址
黄石村	石峰寨	黄石冰川景点以及何久远故居
各村古树、家祠、青石板路、传统建筑等都纳入保护范畴		

2.2.2 镇域村庄布局规划

规划突破传统的编制模式，从"村民"、"村民的需求"以及"农村人口转移"为切入点，确定合理的公共服务设施与村庄的空间布局（图5）。规划对象人群不仅包括常住人口，还包括外出务工者。

常住人口（农业人口）：分布在农村区域，主要从事农业生产。需要合理的耕种半径以及生产生活设施。

外出务工人口（富余劳动力）：与其他地区的农村区域一样，热水镇农业富余劳动力以外出务工为主，大部分是一种"离土不离乡"式的转移。

外出务工者已经基本脱离农业生产，就业选择将更多的趋向于第三产业或者第二产业。在建房要求上更多选择在工作岗位附近，生活方式更多的趋向于城镇化。外出务工者长期在外，具备了较好的市场意识、职业技能。热水镇本土产业发展到一定阶段后，此类人群将成为热水镇发展的主力军。

人口集聚区：

第二、三产业（富余劳动力）集聚区——热水镇区、鱼王集镇；第一产业服务点（农业人口）——改扩建村庄与保留型村庄。

人口转移区：

萎缩村庄——位置偏远，基础设施差、规模小，现状空心率高，规划引导搬迁。

迁移型村庄——有地质灾害、水源核心保护区内的村庄，规划建议近期引导搬迁。

镇域空间结构：一级为热水中心镇区，包括热水居委会与热水村、星火村以及长塘村部分区域，控制面积为2.29km²；二级为集镇，即鱼王村；三级为基层村，即镇域其他村庄（黄石村、黄家洞村、长塘村、高滩村、东江水村、桃金洞村、大水山村、邓家洞村、横瑞村）。

基层村中的居民点划分为改扩建型、保留型、萎缩型、迁移型四种类型。在镇域范围内形成"宜聚尽聚，聚散相宜"的村庄空间格局。

表2　镇域建设用地分配指标

类别	现状人均建设用地	现状建设用地	规划人均建设用地（m²）	规划建设用地（hm²）	比现状增加（hm²）	备注说明
镇区	244	75.22	114	229.15	153.93	主要产业区，建设用地增加（符合国土规划）
农村集镇	—	—	100	30.00	30.00	
村庄	80~105	67.86	80	31.20	−36.66	农村区域建设用地减少
合计	—	191.17	—	290.20	147.27	

2.2.3 镇域建设用地布局

本次规划中，农村区域建设用地选择以国土规划以及生态保护规划为基本依据。随着热水镇城镇化建设，剩余劳动力的转移，部分村庄处于萎缩状态，规划建议将萎缩村庄所占建设用地调整至中心镇区、鱼王集镇等产业发展区。

居民点空间布局：

村庄建设区的选定要充分考虑各个地区的自然地势条件，以便形成较为丰富的村庄聚落形态。各建制村原则上设置一个中心村庄进行改扩建，在地理条件、产业发展、文化保护方面有特殊要求的地区，根据需要适当地增加居民点的布点数量，但仍然要体现集聚发展的基本要求。

建设用地选择：

热水镇属于山区，道路交通体系薄弱、可建设用地与耕地较少，镇域范围内村民用水不稳定（部分村民家留守的老人与儿童需要从几公里外的水井或者溪河中挑水）。镇域建设用地的布局需重点考虑以上制约要素。

项目组通过对每个居民点实地调研，与村民多次沟通。在充分利用现有道路、不占农田、保障给水水源、合理耕种半径的基本原则下，确定本次规划的镇域建设用地。非农建设区内限制乡村工业的零散发展，引导非农产业相对集中布局，提高土地的利用效率。

2.2.4 生产生活圈构建

受交通条件的制约，山区城镇村庄的关联性较弱，且具有单一性，故在镇域范围内构建合理的生产生活圈，其服务半径不应以传统的距离长度为度量单位，而是应该契合山区的客观现实条件，以出行时间为度量单位。

2.2.5 多规合一

土地利用规划：在热水镇国土土地利用总体规划（2006—2020）中，城镇建设用地较为集中，而村庄建设用地极为分散。随着山区农业人口的转移、部分村庄处于萎缩状态，应将此类建设用地调整至中心镇区、鱼王集镇等产业区（图6）。

生态保护规划：通过对镇域范围内的生态敏感性分析，划定镇域范围内热水河两厢、南国天山自然保护区以及地热储备区为生态敏感区域。此类生态敏感区将作为永久性生态保护用地（图7）。

山区城镇由于社会经济水平整体较弱，规划编制体系不完整，即使已完成编制的各项规划由于编制主体、编制年限、针对问题的不同，导致山区城镇多规合一需要从规划编制、管理体制等多方面从长计议。

2.3 镇区规划

2.3.1 镇区定位

本次规划从区域经济发展趋势及热水镇主导产业定位分析考虑，确定热水镇镇区的性质：湖南省地热研发中心，热水汤河省级风景名胜区旅游接待镇，打造集温泉游乐养生、康体度假等休闲活动为一体的温泉小镇，同时为热水镇政治、经济、文化中心。

2.3.2 镇区规模

至2020年，热水镇镇区人口为1.5万人，其中城镇人口为0.45万人，旅游流动人口为1.05万人；城镇建设用地154hm^2，人均城镇建设用地102m^2。

至2030年，热水镇镇区人口2.0万人，其中城镇人口为0.65万人，旅游流动人口为1.35万人；城镇建设用地229.15hm^2，人均城镇建设用地114.58m^2。

2.3.3 规划理念与规划方案

以温泉休闲小镇的产业化思路来对镇区进行空间布局，打造温泉休闲小镇——生态融镇、田园小镇、休闲慢镇（图8）。

自然生态环境：保护森林、田园、河流及湖泊，形成小镇的自然生态。

历史与文化传承：尊重并注重地域与民族文化的保留与延续。

规划、建筑特色：城镇尺度宜人，形成以开敞空间为中心的公共、开放式活动空间。

配套与社区服务：市政配套与社区配套的互补、功能齐全。

生活形态：小镇的平和、朴实、恬淡宁静形成了和谐、高雅的生活格调。

图6　热水镇土地利用规划图

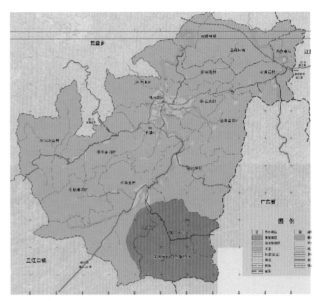

图7　热水镇生态敏感性分析图

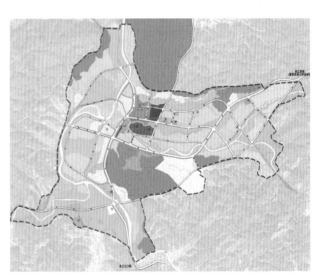

图9　公共服务设施区

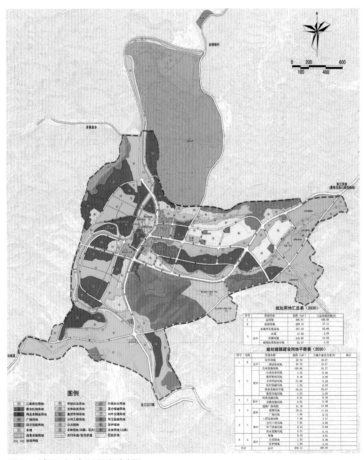

图8　镇区土地利用规划图

图10　温泉酒店区

突破传统的布局方式，每个组团以一种自然的形态延续于田园、山体之中，形成多层次的组合与丰富的空间，体现整体景观的多样之美和错落之美。

公共服务区：镇域综合公共服务中心，主要设置镇政府、热水镇中学、中心小学、幼儿园、中心卫生院以及集贸市场等（图9）。

居住片区：

保留特色传统民居，保护尺度宜人的巷道以及生活空间，契合慢城与休闲产业，传承建筑与城镇空间特色。

新建居住片区，承接农村人口转移，利用优越的自然条件、休闲资源以及宜人舒适的城镇空间，可适当发展旅游地产。

山坡温泉酒店区隐于林地山坡，坐落于半山之上，依照山地自然坡度而建，与山坡自然贴合，建筑以最自然地状态依附于山地、森林环抱间，打造低密度私密性的休闲度假酒店（图10）。

针对不同人群、不同时段，建立丰富而完整的温泉休闲产品。包括温泉养颜、温泉SPA、温泉动感乐园、酒店、美食等产品。该区域主要依田依水布置（图11）。

山水与田园：在城镇组团中保留自然田园、水系、山林，形成与其他城市完全不一样的空间景观与序列（图12）。

道路交通规划：根据现状路网以及地形地貌，在镇区形成两横一纵的路网格局（图13）。

镇区慢行系统：在温泉休闲小镇，构筑"人、路、车之间不一样的序列关系"。规划建议在田园、热水河以及部分道路的林荫道上用自行车道、步行道组成城镇慢行系统（图14）。

根据数据统计，在温泉市场中，自驾车程在3小时内的消费人群占了80%的市场份额。为消费者提供简单、直观、便捷的交通信息服务，是本次旅

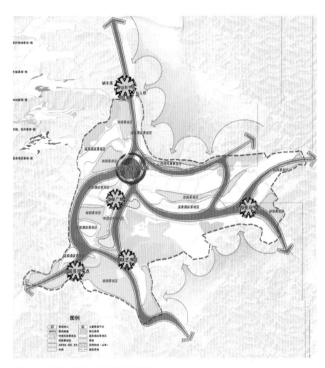

图12 镇区绿地景观规划图

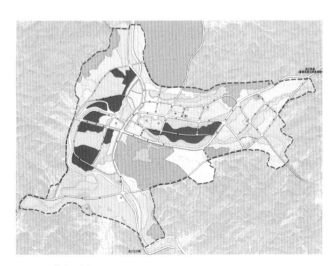

图11 休闲度假区

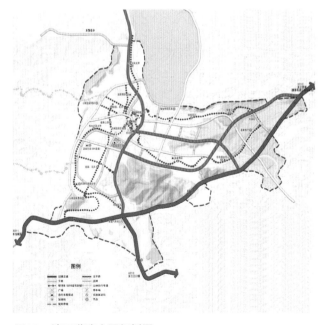

图13 镇区道路交通规划图

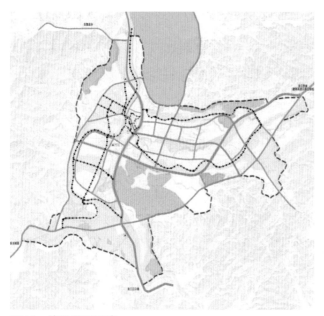

图14 镇区慢行系统

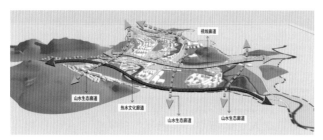

图15 镇区通廊系统

游型城镇的重要规划内容。

城镇风貌引导规划：利用土地使用强度指标来控制城镇整体风貌，在镇区形成尺度宜人的城镇空间景观，契合温泉休闲小镇的主体定位（图15）。

本次项目编制还原了规划本身的意愿与初衷——以人为本，实现资源要素的最佳配置。

本次规划始终围绕山水温泉休闲小镇的主题以及民众宜居乐业的最终目的，不刻意追求张扬的繁华与高楼林立的城镇形象，不盲目扩大建设用地规模，我们只希望在这里生活的人和来这里的人感受到一份优雅、精致的生活格调。

3 主要特点

本次规划系统梳理了区域发展形势与要求，针对热水镇现有条件，以民众"安居乐业"为基本出发点，提出山区旅游型城镇发展与建设思路。

3.1 通过镇域城乡空间的合理布局整合生产力，形成自我经济集聚中心

山区的生态资源、民俗文化资源是山区经济发展重要突破口，也是推动社会经济发展、新型城镇化建设的新动力。在此基础上，山区镇域城乡空间布局必须尊重市场规律，突破以往"统配、被扶贫、依靠大城市经济辐射"的依赖思想，整合自身各类资源，形成发展综合体。如热水镇需要整合温泉资源、生态资源、民族资源、乡土特色资源等，形成较为合理的产业结构体系。

3.2 尊重人的需求、尊重自然、尊重本土文化，融合现代技术与美学空间的城镇建设

山区城镇由于地形地貌，经济活动承载力有限，产业类型有一定的选择性，在城镇空间布局与城镇规模、形态上应保护并合理利用生态环境、民俗文化等资源，积极融入智慧城镇、互联网等现代技术与文创美学空间，塑造具有独特魅力的优美宜人山区小城镇，避免一味追求"大规模、大效益"的都市模式。

3.3 镇域规划重点将"物质空间的优化"转换为"物质、生态、文化"等多元空间要素统筹协调

在本次镇域规划中，规划对象与重点由以往的"城镇"转换为"城、乡、村"，从"物质空间"转换到"物质、生态、文化"等多元空间。规划提出热水镇镇域生态底图、乡土文化以及民族文化保护要素，规划视角较传统的镇域村镇体系规划更加全面与科学。

3.4 以当地民众需求以及旅游产业发展为引导的城镇空间塑造

在镇区规划方案中，通过保留山水田园、融入民族文化、美学艺术、文化创意等要素，形成具有特色的城镇空间景观。独具一格的城镇让当地民众引以为傲，从而更加精致、优雅的生活在其中，让城镇充满家园的味道；独具一格的城镇满足了外来游客感受文化、景观与生活差异性的体验需求，使其为热水镇的发展带来活力。

福建省南平市延平区王台镇规划

编制单位：福建省村镇建设发展中心　　　福建省城乡规划设计研究院
编制人员：涂远承　虞文军　黄　洵　潘晓辉　范　琴　叶　翔　郑新春　陈垂执　洪玲丹　陈仕英　汤晨苏
　　　　　江　平　吴灵铃　马亚利　林　伟　许志华　叶　丽

1　基本概况

王台镇坐落于富屯溪畔，福建省南平市延平区西部，相传汉闽越王在此筑有行台，故而得名。全镇总面积221.1km²，其中林地面积21.3万亩，耕地面积2.5万亩，境内山清水秀，粮丰林茂。镇域辖19个村，共有5976户、22655人。王台镇交通便捷，316国道贯穿全境，镇区距南平城区30km，延顺（延平区—顺昌县）高速公路在镇区设有互通口（图1）。

1.1　城镇特点

（1）农林业特色化发展

①林业大镇，绿色金库。王台素以杉木高产优质而闻名，是全国三大杉木中心产区之一。1958年周恩

来总理亲笔签署授予"农业社会主义建设先进单位—绿色金库人民公社"的奖状。朱德委员长、习近平总书记都曾来王台视察过杉木王和丰产林的情况。

②农业大镇，闽北粮仓。王台镇百合花种植面积达1800亩，是福建省最大的百合花基地。此外，王台还是南平市的重点粮区，已建有商品林、百合花、烟叶、蔬菜、优质稻、苗木等六大基地。

（2）人口规模稳定

从2008年至2013年人口变动情况可以发现近年来的人口综合增长率在0.5%左右。人口规模相对稳定，稳步提升。

因农林业发展基础好，提供大量就业岗位，外出务工人员只占30%左右，大多数劳动力在家务农和在镇区打工。

（3）发展政策环境好

近年来福建致力于打造海西经济区，在农业方面也进一步加强与台湾产业合作和经验的交流共享，在农林业方面的重大举措和整体加速发展为王台带来更多的外部关注、潜在机会和实际助力。在南平市"十二五"规划中王台被列为延平区重点增长区域，"延平百合"成为南平的新名片。伴随延顺高速南平连接线王台互通口的开通，交通条件的进一步改善促发城镇质的飞跃。

1.2　规划思路

鉴于王台特色农业发展坚实，乡情风貌小巧精致，人文底蕴深厚独特的特点，规划提出"精致发展，丰富内涵"的理念，通过"理山水、调功能、保环境、显魅力、提品质、展幸福"六大策略，打造"山水田园之乡，现代农业小镇"。围绕山区发展现

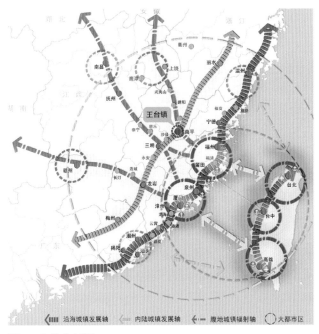

图1　区位分析图

代农业特色镇的规划探索，强化了以下方面的规划：

①加强规划引导，促进基本公共服务设施向农村地区延伸；

②塑造新城镇空间结构，协调发展与资源瓶颈的矛盾；

③制定产业发展策略，依托优势资源推动绿色产业发展；

④梳理内外交通，优化城镇交通环境；

⑤加强规划可操作性，制定行动计划；

⑥研究城镇风貌，提升城镇品位。

2 方案介绍

2.1 镇域城乡统筹规划

（1）城乡统筹整体思路

坚持新农村建设与推进新型城镇化同步，不一味把人口聚集到镇区，通过将散落的农村居民点适时适度聚集在中心村形成农村新社区，在就业、社会保障、医疗教育、住房保障等方面逐步完善，发展社会事业，改变生活方式，实现就近、就地的人的城镇化。

从"战略、空间、用地、设施、实施保障"五个方面落实城乡统筹，通过发展生产和增加收入，

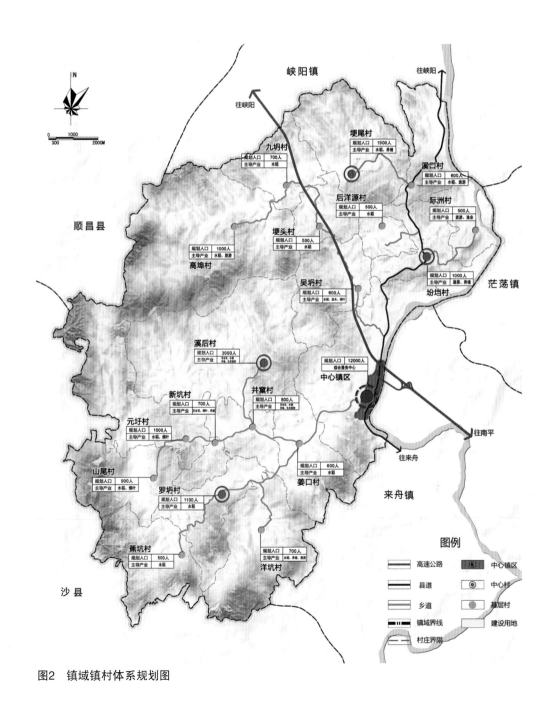

图2　镇域镇村体系规划图

通过交通一体化、公共服务设施的均等化设置，实现"农民工人化、农业产业化、农村社区化"。

（2）镇域镇村体系规划

在规划期内，镇域近期（2020年）人口规模为2.4万人；远期（2030年）人口规模为2.8万人。镇村体系等级规模结构与职能分工将形成"镇区—中心村—基层村"的三级结构（图2）：

一级：镇区1个；控制镇区规模，加强住房建设的管控以及公共服务等基础设施的配套；将农林产品深加工等部分产业职能分解到中心村。

二级：中心村4个；提高文教、医疗公共服务水平；散落的农村居民点适时适度聚集发展至中心村并建设新型农村社区；集中布设农林产品深加工基地。

三级：基层村14个；基层村以农业生产为主，挖掘农村内生价值，保持乡土气息风貌，打造乡土生态示范点（美丽乡村）。

（3）产业规划

从优化农业生产结构，构建现代农保体系，促进农业产业化经营三个方面，提出产业结构优化、体系化、多元化发展的措施及建议，实现王台农业的转型。

①产业结构优化：提出"充实提高保障性产业，开发完善服务性产业，做强做优特色产业"的优化思路，落实到产业空间布局（图3）。

②产业体系化：以林下经济串联"种植+养殖+旅游+农副产品深加工"发展，拉长产业经济链，使得产业体系化发展。

③产业多元化：借鉴台湾桃米遴选合适的农村打造乡村生态小区，促进产业多元化发展，进一步凸显村庄的自身特色，避免"千村一面"对农村风貌改变（图4）。

2.2 镇区总体规划

（1）城镇性质与规模预测

城镇性质：海西现代农业精品小镇；宜居宜旅的山水生态城镇。

发展规模：近期（2020年），人口规模为1.0万人，建设用地70.50hm²，人均建设用地面积70.5m²；

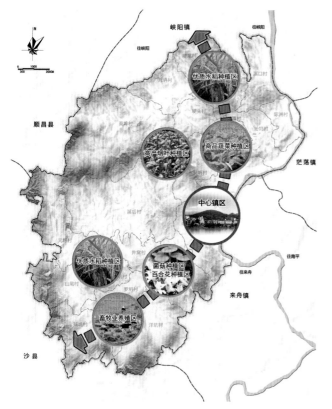

图3 镇域产业空间布局图

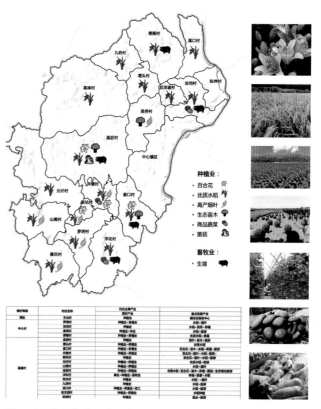

图4 镇域现代农业发展规划图

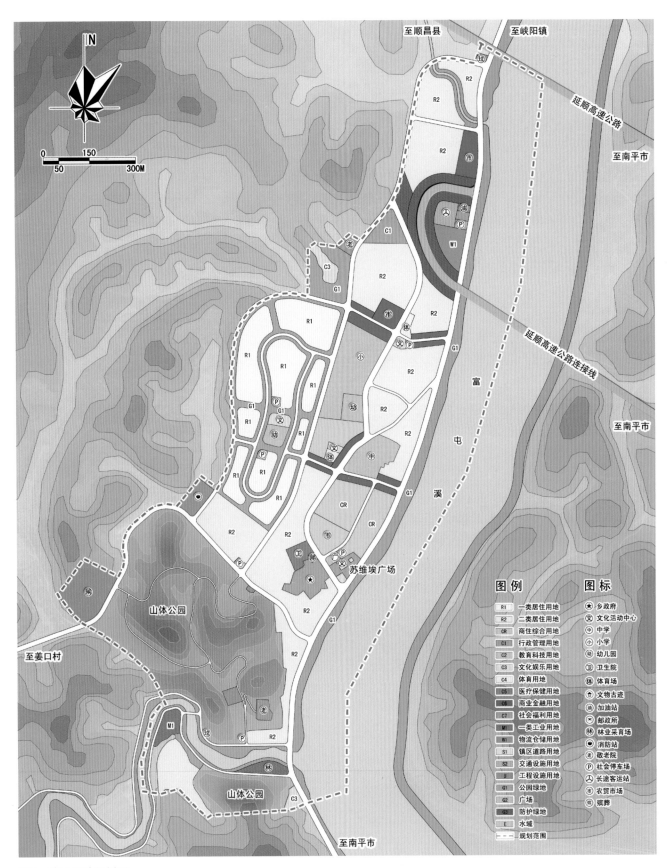

图5 镇区用地规划图

规划远期（2030年），人口为1.2万人，建设用地109.89hm²，人均建设用地面积91.58m²（图5）。

（2）土地开发强度

基于现状城镇建设用地紧张、无序的特点，展开了山地城镇土地开发模式研究，对城镇的密度管制以及土地利用模式提出建议。规划以容积率及建筑高度为主要控制依据，对镇区范围土地使用强度进行管控。将全区划分为高强度、中强度及低强度三类区域，总体形成中间高、南北低的强度分区特征（图6）。

（3）近期建设

近期建设主要从三方面入手：一是对镇区内部旧区的更新改造，完善基础设施，构建交通体系；二是注重土地储备，对土地开发与利用进行科学管控；三是慎重择选建设项目，实施行动计划指引（图7、表1）。

3 主要特点

基于试点镇在规划方法方面具有可推广、可示范

的特点，从"深入调查、问题导向、注重实用、公众参与"四个方面探索符合新型城镇化要求、因地制宜、具有较强指导性和实施性的镇规划理念和编制方法。

3.1 调查深入

规划组于7月正式启动规划编制，以现场踏勘，入户调查，发放问卷，走访座谈多种形式，全面收集规划基础资料，充分了解王台镇发展的实际情况和村镇居民需求。现场调研共计63人次，走访了农户、企业家20余家，发放调研问卷500份，回收问卷460份，有效问卷432份，形成了现状调研问卷调查分析报告。

3.2 公众参与

尊重公众意愿，在规划编制各个环节，通过简明易懂的方式征询意见、公示规划成果、宣传普及规划。对于村民普遍关注的公共服务配套、小孩教育、养老看病的问题、产业发展方向及发展模式问题、以

图6 镇区土地开发强度控制图

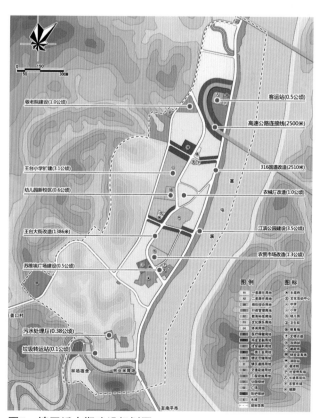

图7 镇区近中期建设规划图

及围绕满足耕作要求的居住意向地选址等问题做出重点的反馈及解答。通过规划宣讲，探索由规划转变成村民共同遵守的"村规民约"的可行性。

3.3 问题导向

基于深入细致的调查分析，找出王台镇现状发展的基本特点和主要问题。镇域层面侧重于科学定位和对产业发展与扩大就业、构建农民生产生活圈、多规融合的研究；镇区层面则进一步明确了整体格局、交通路网、绿地布局、分期建设的细化要求。

3.4 注重实用

在规划编制的各个环节，注重规划的实用性。通过"多规融合"划定生态控制线，通过空间管制规划落实建设与非建设用地的界线（图8）；在镇域城乡统筹规划方面，提出"就地就近城镇化"的发展路径，通过交通一体化、公共服务设施的均等化设置，实现"农民工人化、农业产业化、农村社区化"。通过产业发展规划、近期建设规划以及城镇特色塑造专题研究，对产业发展、项目建设、改善人居环境的调控和引导作用。

3.5 优化规划流程

规划提出"先策划，再规划"、"先统筹、再建设"，通过现场调研、前期研究、方案设计、成果编制、上报审批五个阶段，城镇认知、专题研究、发展策划、统筹规划、建设规划、支撑规划、行动计划六个环节，进一步优化了镇总体规划编制的流程，增强了规划的可操作性。

3.6 强化统筹规划环节

以往编制的镇总规常常偏重镇区整体，忽视镇域全局，对城乡协调、统筹关注不足。本次规划强化统筹规划环节，从规划控制的角度落实城乡统筹，先把握全局、梳理条块，再通过衔接、管制及引导，从规划控制的角度去协调城乡关系、促进落实城乡统筹发展。

表1 近期建设项目一览表

类　别	建设项目	规　模
居住小区建设	农械厂改造	1.0km² （约15.0亩）
	农贸市场改造	1.3km² （约20.0亩）
公共及市政设施建设	幼儿园新校区	0.6km² （约9.0亩）
	王台小学扩建	3.1km² （约46.0亩）
	苏维埃广场建设	0.5km² （约7.5亩）
	江滨公园建设	3.5km² （约50.0亩）
	客运站	0.5km² （约7.5亩）
	敬老院建设	0.25km² （约4.0亩）
	污水处理厂	0.38km² （约5.7亩）
	垃圾转运站建设	0.1km² （约1.5亩）
道路建设	316国道改造	宽18m，长2510m
	王台大街改造	宽36m，长1386m
	高速公路连接线	宽26m，长2500m

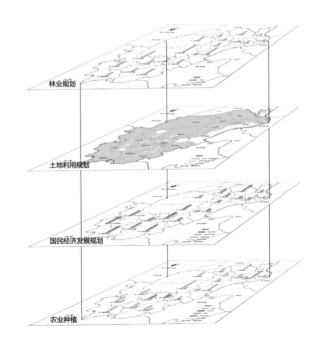

图8 多规融合

四川省成都市新都区新繁镇规划

编制单位：重庆大学规划设计研究院有限公司
编制人员：赵　珂　巫昊燕　夏清清　王凤贤　李　享　张利民　王　楠　林　涛　韦　浩

1 基本概况

新繁镇在接受成都市主城区产业、人口、资源转移进程中，积极探索以城乡统筹、产城一体、"生态、业态、文态、居态、形态"五态合一为目标的新型城镇化发展途径。

1.1 成都市十个小城市中，优先发展的卫星镇

2013年底，新繁镇全镇面积92.71km²，辖15个社区，30个行政村。户籍总人口105313人，其中农业人口76313人，非农业人口29000人，另有常年在此经商的外来人口30000人，外来务工人口30000人，镇域实际人口规模达165313人，城镇常住人口59000人，城镇化率53.84%。

城镇建成区面积8.71km²，主要承接成都市家具产业、发酵食品、都市农业功能。

1.2 成彭发展走廊上的老县城

成彭发展走廊是成都市以中心城区为中心，向外辐射发展的十一条走廊之一。

该走廊上，新繁于西汉时期已建立县城，于1965年拆县为镇。

1.3 承接成都市主城区家具产业转移的重要基地

位于新繁镇内的成都家具产业园，已成为西部最大的家具园区。

2013年，成都家具产业园面积达3.9km²，完成工业总产值约169亿元，吸纳就业人口2.5万人。

1.4 中国泡菜之乡，西部发酵食品加工基地

新繁泡菜的知名，远至三国时期。

2011年，工商总局商标局正式颁发"新都泡菜"地理标志证明商标，从此，以"新繁泡菜"为龙头的"新都泡菜"成为国家地理标志保护产品。

新繁已建设以泡菜为特色的发酵食品工业园0.4km²，吸纳规模以上企业19家，2013年完成工业总产值10.79亿元，实现税收1725.22万元。

泡菜发酵食品产业园带动就业人口3000人，整合了下游数十家盐渍菜供应商，还与农户签订蔬菜种植合同。

1.5 位于都江堰灌区中部，是成都市都市型农业发展区

新繁镇位于都江堰老灌区中部。区内水系发达、水质良好，素有"浸沃繁城"的美誉。

新繁镇是为成都市中心城区居民提供都市休闲农业、都市观光农业和都市设施农业的重要都市优化型农业发展区。

2 方案介绍

基于城乡居民对于建立"产居一体"基层自治组织的需求，强化规划的实施性，构建出以城乡"产居一体"单元实施规划为核心，包括：全域规划、乡村自治单元实施规划、镇区总体规划和城镇社区单元实施规划等四个层次的"一核心、四层次"规划编制体系。

2.1 全域规划

以战略性与公共资源控制为重点，在保护水生态资源及环境的基础上，立足于"产业都市化"发展策略，构建都市现代农业的发展图景；基于生产生活互助和共赢原则，以城乡产居景一体单元建设为核心，构建城乡生产生活圈及聚落体系；强化市

集对全域生产生活圈的辐射作用，以其为中心，完善乡村公共服务设施及道路支撑体系。

充分利用"水、田、林"生态资源，构建镇域生态化、镇区田园交融的环境本底；放大水环境，促进都市现代农业与乡村旅游业联动（图1）。

围绕成为成都市成彭发展走廊上的重点，以承接成都中心城区产业转移、服务中心城区为目标，

大力发展"都市化"产业（图2）。

以乡村聚落"产居景一体"的多模式建设为目的，引导全域形成"一城、五市集、多农村新型社区"的城乡聚落体系（图3）。

强化新市集对全域生产生活圈的辐射作用，以其为中心，完善"两纵六射一环"的道路交通体系（图4）。

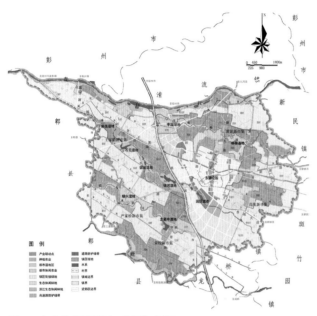

图1　生态资源保护与利用规划图

图3　城乡聚落体系规划图

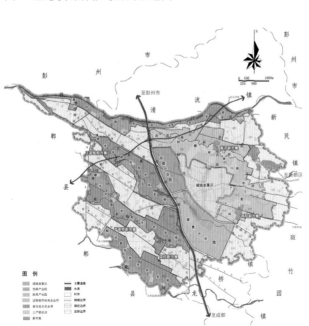

图2　产业空间布局规划图

图4　道路交通体系规划图

图5 镇域空间发展规划图

以镇区和新市集为中心，以都市休闲观光农业带为基础，构建新繁镇全域空间发展布局。其中，城镇建设区规模为1624.69hm²，新市集规模为：110.96hm²，引导集体建设用地规模为：135.64hm²（图5）。

2.2 乡村自治单元实施规划

依据自愿互助的原则，农民自组织形成乡村自治单元这一经济、社会共同体，在产业或项目明确后，在土地整理、产业项目空间布局、乡村聚落建设、设施保障等方面进行乡村自治单元实施规划编制（图6）。

2.3 镇区总体规划

通过"因水成廊"、"沿廊成园"、"绿野

渗透"和"复原历史"的手法，营造镇区"城在田中、水在城中、园在城中"的生态空间格局、凸显历史文化记忆；遵循"产城景一体"的发展思路，运用"产业社区"的理念，促进工业区向"农工商旅全产业链联动、职住平衡"的方向转变；以社区组织镇区居民生活服务圈，构建社区公园和绿道，为居民提供丰富的社会交往空间，完善社区业态布局和公共服务设施配置，优化道路交通体系组织，提高城市公共服务和社会保障能力，促进社区经济活跃，繁荣社区文化（图7）。

2.4 城镇社区单元实施规划

以规划实施为指向，以社区为单元，遵循"总体平衡，刚性结合弹性"的原则，以通则式控规形式，通过构建社区单元大纲控制图则，深化对绿

图6 产业项目落实图

地、公共服务设施、业态布局、步行交通、静态交通及形态控制（图8、图9）。

3 主要特点

3.1 规划思路

运用数字化调查和可视化分析技术，以摸清城乡居民需求和分析解决合理需求的现实问题为导向，按照"先镇域、后镇区；先生态、再产业、后建设"的规划逻辑，秉承"生态优镇、业态立镇、文态活镇、居态固镇、形态美镇"五态合一的规划原则，从城乡生产生活圈的组织与自组织着手，制定规划策略，探寻大城市卫星镇规划的编制体系、

内容及深度，探寻规划实施的机制建设路径。

3.2 调查方法

以"需求挖掘"为导向，多规整合，探索"数字化调查 + 差异化、典型性的踏勘、访谈、问卷"的调查方法，提高调查的效率和实效。

3.3 规划策略

以需求和问题为导向，提出：环境生态化、田园化；产业都市化、多样化；组织单元化、社区化；聚落层次化、组团化；建设复合化、集约化；配套中心化、标准化；编制协调化、体系化等七大策略，明确发展定位和形象定位。

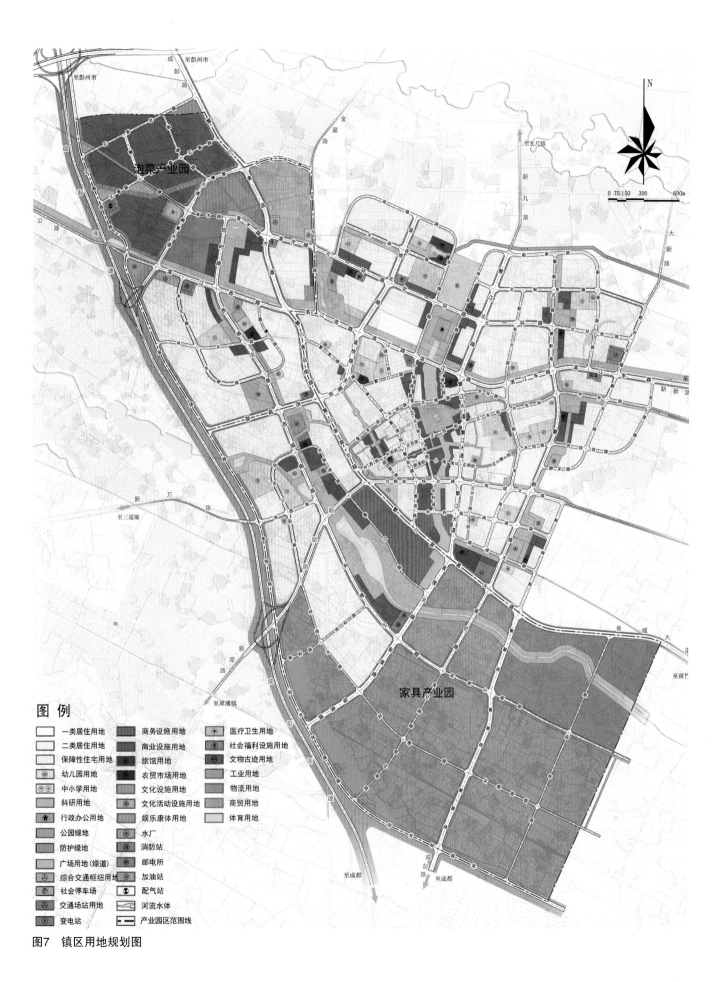

图 例

一类居住用地	商务设施用地	医疗卫生用地
二类居住用地	商业设施用地	社会福利设施用地
保障性住宅用地	旅馆用地	文物古迹用地
幼儿园用地	农贸市场用地	工业用地
中小学用地	文化设施用地	物流用地
科研用地	文化活动设施用地	商贸用地
行政办公用地	娱乐康体用地	体育用地
公园绿地	水厂	
防护绿地	消防站	
广场用地(绿道)	邮电所	
综合交通枢纽用地	加油站	
社会停车场	配气站	
交通场站用地	河流水体	
变电站	产业园区范围线	

图7　镇区用地规划图

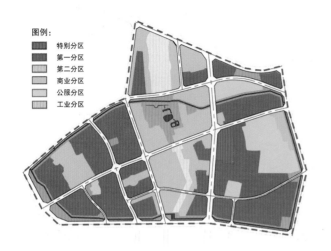

图8 社区单元形态分区规划图

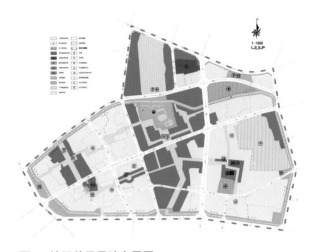

图9 社区单元用地布局图

（1）产城一体，产业都市化、多样化

立足于成为成都市成彭发展走廊上的重要卫星镇，以承接成都主城区产业转移、服务主城区为目标，大力发展"都市化"产业（图10）。

"产城一体"、"产居景一体"，工作、居住、文化、生活功能复合；保护农田及生态资源，划定镇区及新市集"开发边界"。通过土地整理，优化农村集体建设用地。鼓励产业园区、城镇内生产性服务业和生活性服务业发展，大力提高土地使用效益。

（2）组织单元化、社区化

乡村，基于生产、生活的互助和共赢的原则，以农民自愿、自组织形成的"乡村自治单元"对农民生产生活圈进行组织，使其成为生产生活互助、共赢的自治单元，乡村规划实施的主体，公众参与的协商平台，接受资源扶持的载体；镇区，以"社区"组织城镇居民生活及服务圈，为居民提供拥有生活便利、社会交往、休闲氛围、就业机会和完善配套服务的城镇居住生活环境（图11）。

依托"场"已有的完善的公共服务设施和基础设施，充分发挥"场"的集市贸易活动集中、人口集聚功能，提档升级为新市集，面向成都中心城区居民体验传统农村文化、购买本地化农副产品，促进农村产业都市化；依据"宜散则散、宜聚则聚、

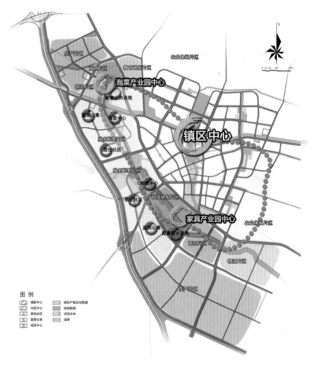

图10 镇区产城一体规划图

适度集中"的原则，采取"小规模、组团化、生态化"的方式，进行农村新型社区建设。

3.4 规划实施保障机制建设的示范性

从规划管理机制建设、乡村规划人才机制建设、政策机制建设、社会协商机制建设和财经机制建设等5大层面，构建完善的规划实施机制建设框

架和内容，保障规划实施。

构建一核心、一参与、一督查、一综合、一张图的"五个一"规划管理体系，在规划编制体制机制、规划监督机制、多部门协调组织机制等方面，积极探索保障新繁镇规划实施的"强化两头、简化中间"规划管理机制。

坚持乡村规划师制度，促进乡村规划理念的提升，促进乡镇政府规划智能的落实，探索形成了行之有效的基层规划管理模式，提高了新农村建设水平和质量。

成都市、新都区结合市情，创新公共政策形式，制订了"一规定两导则"红皮书系列，并结合实践不断充实完善，形成了具有地方特色的统筹城乡规划技术导则体系，包括：《成都市城镇及村庄规划管理技术规定》（试行）、《成都市社会主义新农村规划建设技术导则》、《成都市小城镇规划建设技术导则》。开展四大基础工程，即：开展农村产权制度改革；推进村级农村公共服务和社会管理改革；推进农村土地综合整治；推进农村新型基础治理机制建设。

以乡村自组织单元（社区）为平台，采用"协商式"规划和"弹性规划"方式，构建多方协商和利益协调机制。

坚持政府保障和市场运作相结合，建立覆盖城乡的公共财政体系，强化乡村自组织单元公共服务的财政保障，建立"政府引导、市场运作"的投资平台。

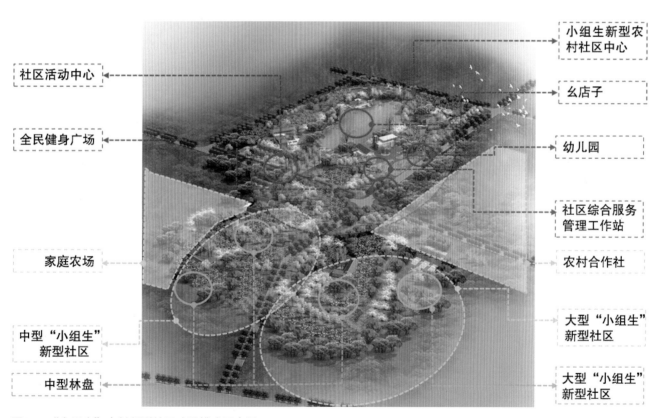

图11　"小组生"农村新型社区建设模式示意图

湖北省荆州市监利县新沟镇规划

编制单位：浙江省城乡规划设计研究院　　湖北省城市规划设计研究院

编制人员：何苏明　周　彧　李国华　董翊明　翁加坤　张焕发　余建忠　龚松青　钟卫华　庞海峰

　　　　　饶　翔　袁　博　陆文婷　杭小洁　曾　凯

1　基本概况

监利县新沟镇位于江汉平原腹地、监（利）潜（江）仙（桃）三县市交汇处（图1），是湖北省荆州市监利县的北部门户和县域副中心城镇。新沟镇是湖北省21个"四化同步"示范乡镇试点之一，被湖北省委省政府确立为"全省的一面旗帜"（图2）。

1.1　社会经济概况

新沟镇隶属全国水稻生产第一大县、国家商品粮油棉生产基地湖北省监利县，主要资源是农业和石油，主要产业为粮食深加工，是国家农业部公布的全国农副产品深加工示范镇。境内主要以粮食、棉花、瓜果、水产等农副产品为主，西南部有一定的石油资源，是江汉油田原油的重要资源供油地之一，有油井100多口。

新沟镇是东荆河流域最大集镇，在监利县域经济实力中位居首位（超过县城容城镇）。2012年，在湖北省"百强乡镇"中排名第36位（2012年，全镇完成地区生产总值139.17亿元，其中工业产值110.34亿元，农业产值8.83亿元，第三产业产值20亿元。实现农民人均纯收入10070元，城镇居民可支配收入1.7万元。）。全镇行政区域面积161km²，其中耕地面积12.7万亩，约占总面积的52.6%。城区面积5.5km²。辖45个行政村，5个社区居委会，总人口10.4万人，其中镇区人口62112人，城镇化率59%。

1.2　发展特征

（1）平原水网型、带状村落为主的城镇

现状大多数村落均呈条带状分布于镇域县乡道和主干河渠两侧，临水而居与沿路建设的自发性特征显著。

（2）传统农耕型向农业产业化转型城镇

新沟镇是农业大镇，境内盛产粮食、棉花、油料等农产品，已形成农副产品加工为主的产业集群和"公司+农户+基地+超市"产供销一体化产业链。

（3）因粮而生、因企而兴的明星城镇

福娃集团充分利用新沟的农业资源，实现了从

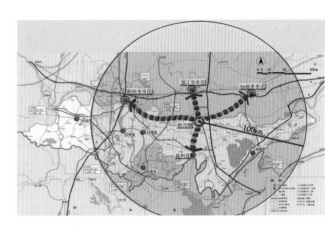

图1　新沟镇区位图

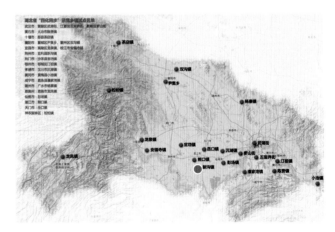

图2　湖北省四化同步试点乡镇分布图

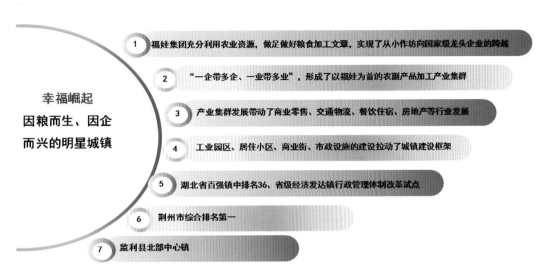

图3 新沟镇发展条件分析图

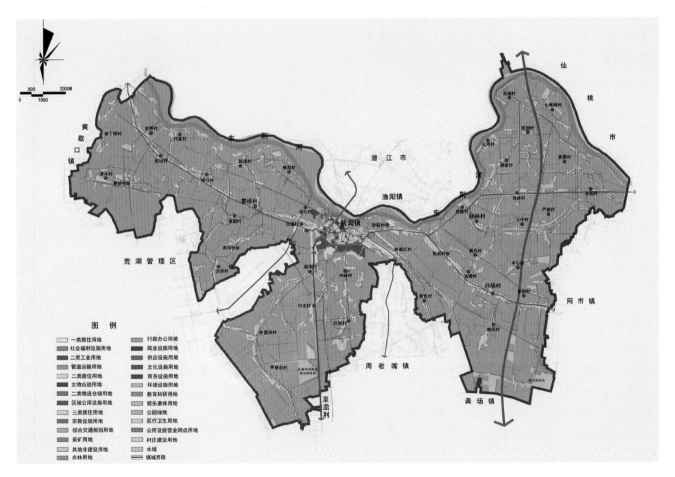

图4 镇域用地现状图

小作坊向国家级龙头企业的跨越，并且"一企带多企、一业带多业"形成产业集群，城镇建设框架也逐步拉开（图3）。

2　方案介绍

2.1　发展定位——农业为基、由镇转市

基于城镇发展条件分析,结合小城市的功能、产业、空间、形象等方面发展要求并借鉴浙江省小城市培育经验,确定新沟镇总体定位为：全国和湖北省农业产业化示范镇、监潜仙交界区域中心城镇与监利县域副中心、具有田园水乡特色的生态宜居名镇和小城市培育试点镇。城镇性质为：湖北省农业产业化示范镇,监利县域副中心,现代田园小城市（图4）。

2.2　人口规模——有序流动、强化集聚

规划基于农业主产区与产业重镇人口增长的思考,全面预测城乡就业岗位和产业吸引人口,并通过系统分析人口增长和转移趋势,明确城乡人口规模,即2030年全镇域人口达到18万人,镇区人口将达到14万人,农村人口为4万人,城镇化水平为77.8%。

2.3　产业发展——双轮驱动、三产联动

推动农业现代化和新型工业化的深度结合,工农互促、助推三产,重点打造优质粮油规模化种植、特种水产生态化养殖,农副产品深加工、现代物流四大支柱产业,伺机培育发展都市农业、农机装备、特色旅游、文化创意、生物农业科技等关联产业,通过产业协作与产业链的延伸形成三产联动、融合发展的"134N"新型产业体系。全域构建"一心四片"产业空间结构,即镇区产业核心与四个农业规模化、特色化发展片区（图5）。

2.4　镇村体系——整治为主、适度集聚

规划形成"一心集聚七带拥、四片蝶面多点衬,四区闪耀多彩映"的镇村结构,即1个新镇区、7条村庄集聚带、31个农村居民点,其中晏桥、史桥、杨林、孙场4个农村新社区。至规划期末2030年,镇域村庄建设用地面积608.5hm²,人均约152m²。其中,新社区建设用地标准按照120m²/人执行（新增居民点部分按此标准执行）（图6、图7）。

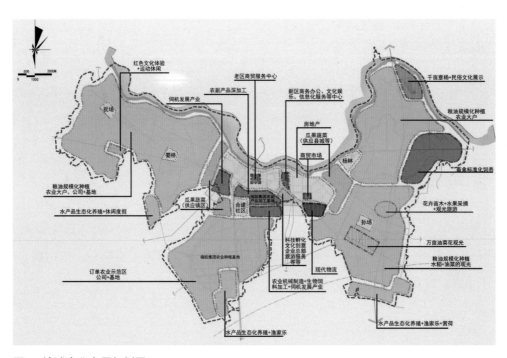

图5　镇域产业布局规划图

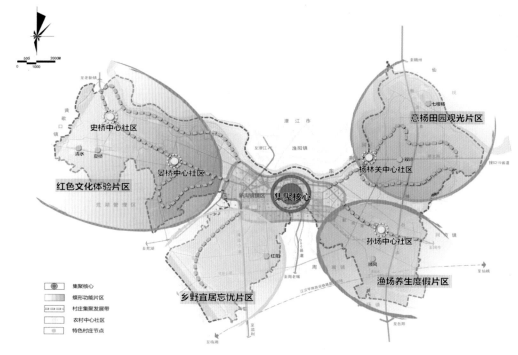

图6　镇村体系空间结构图

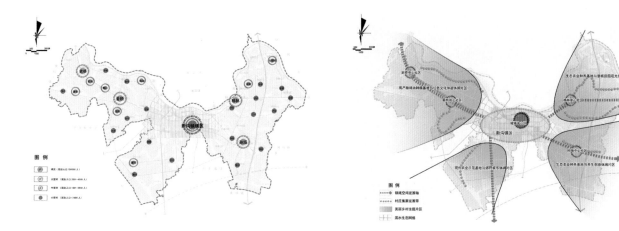

图7　镇村规模结构规划图

图8　镇域空间结构规划图

2.5　空间布局——城乡一体、产城共生

总体空间框架：从城乡一体化发展的角度出发，综合考虑产业的先导性、生态的本底性、交通走廊的牵引性、配套设施的均好性和空间肌理的延续性等各方面因素，构筑"一心四片、四轴四区、七带一网"全域空间框架。"一心"即城镇与产业发展核心；"四片"即意杨田园观光休闲、养生创意休闲、红色文化体验休闲、郊野娱乐休闲四大特色主题乡村片区；"四轴"即四条沿路空间发展轴线；"四区"即四个农村中心社区；"七

带"即七条村庄集聚发展带；"一网"即平原水系网络。规划期末至2030年，镇域城乡建设用地约2106hm²，总人口18万人（图8）。

城镇建设用地布局：充分考虑区域经济主流向和城镇对农村片区辐射带动与服务覆盖的要求，规划新沟镇区用地主要向东、南拓展。以实现居住、工业、就业、生态、公园系统的有机混合，打造富有特色的"共生城镇"为目标，规划构建"一廊跃三心，双轴贯三区"的镇区空间结构，即利用依托油井钻探平台及生物氧化塘形成的低洼区域构建生

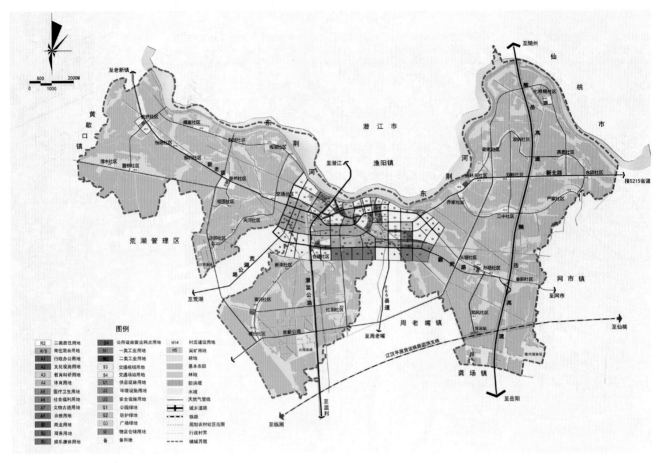

图9　镇域土地利用布局规划图

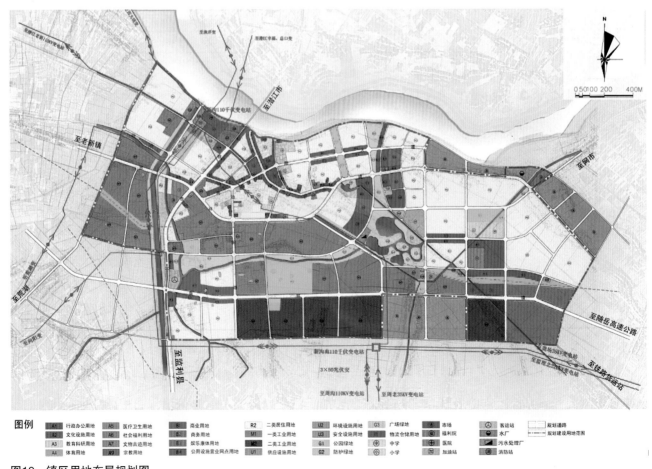

图10　镇区用地布局规划图

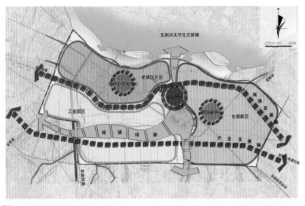

乡野宜居忘忧片区项目意向与色彩配置图　　意扬田园观光片区项目意向与色彩配置图

渔场养生度假片区项目意向与色彩配置图　　红色文化体验片区项目意向与色彩配置图

图11　镇区规划结构图

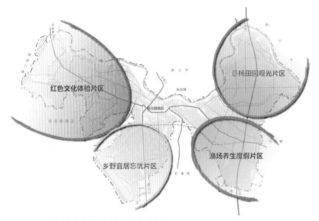

图12　4个主题特色片区示意图

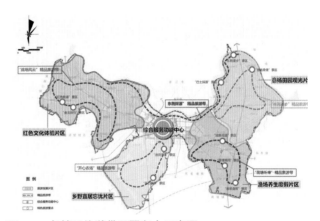

图13　5条精品旅游带及服务点示意图

态绿廊，串联老镇区、东部新区及南部工业区三个片区，打造"一主两副"三个公共中心以及沿吉祥大道的城镇生活功能发展轴、沿南环大道的产业功能发展轴。规划期末至2030年，新沟镇区人口14万人，城镇建设用地1470hm²，人均用地面积105m²（图9~图11）。

2.6　风貌管控——文化为韵、特色为魂

　　通过构筑4大主题特色片区即东北部沿东荆河谷的意扬田园观光片区、东南部依托隆兴湖渔场的养生度假片区、西北部以革命遗址为主的红色文化体验片区与西南部以现代都市农业为主的乡野宜居忘忧片区，东荆探源、林海漫步等5条精品旅游带，意扬柔情、油菜花语、荷塘烟雨、渔场逸致等10个特色景区节点，以及6条滨河慢行绿道，集中展示新沟的荆楚文化与红色文化，彰显农耕田园特

图14　6条滨河绿道示意图

色与平原水乡风情（图12~图14）。

3　主要特点

3.1　扩展产业链，构建龙企引领、循环互补的产业体系

　　以福娃集团为引领，提升产业层次，扩展产业

链条，打造农副产品深加工产业集群。深入研究新沟镇各产业门类之间的协作与产业链延伸关系，构建新沟镇三产融合发展的产业体系。

3.2 产城共生、蓝绿渗透，打造低碳型生态宜居城镇

（1）以"共生城镇"为导向，镇区布局采用紧凑式、扁平化形态发展，实现居住、工业、就业、生态、公园系统的有机混合（图15、图16）。

（2）化废为宝，利用现状镇区南侧油井钻探平台及生物氧化塘形成的低洼区域，规划设置一条穿越整个镇区的湿地绿廊，既可有效隔离工业区与居住区，又能增添空间布局特色。

（3）梳理水系网络，构建绿地系统。打通镇区内外水系网络，结合油田区域和生物塘建设生态绿廊和城镇中心公园，整体塑造"水网连通，绿廊贯穿"的镇区生态格局与"一廊三带串新沟，三心五珠成八景"的城镇绿地系统（图17）。

3.3 贯彻"四化同步"理念设计特色发展路径

以"人的城镇化"为导向，深入研究人口流动、城乡生产要素流动、产业运行机制、农业经济运行与社区组织等小城镇的内在运营机制。在此基础上，按照"四化同步"发展要求，结合新沟发展特征探索"新沟模式"，制定"以农业现代化为基础，信息化为支撑，工农互促、双轮驱动，带动三产服务业和新型城镇化发展"的特色发展战略，并进行分阶段发展路径的设计。

人工湿地处理系统及其景观示意图（桐庐环溪村，调节池可发挥景观作用）

人工湿地植物景观效果示意图

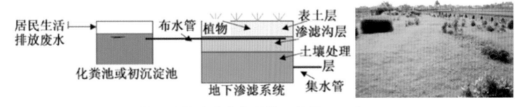

地下土壤渗滤净化系统及其景观示意图

图15　人工湿地处理系统及景观示意图

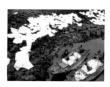

石油污染治理意向图

农业污染治理意向图　　　　　　　　　　　　　农村垃圾收集处理方式

图16　环境治理示意图

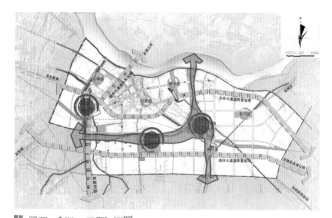

图17　城镇绿地系统规划图

3.3.1　与土地利用规划全程协同、无缝衔接

（1）全程协同编制。本次湖北省"四化同步"示范镇规划将土地利用规划作为一个专项规划，与镇规划同步编制、评审、报批，在规划各个过程中都与镇域、镇区规划互动和对接。

（2）指标数据相衔接。在用地分类、坐标系统、近中期建设指标方面，镇规划与土地利用规划保持统一（图18）。

（3）土地规划定增长边界。结合城乡建设用地增减挂钩项目和土地整治项目，土地利用规划划定城乡可建设用地范围线，作为规划城镇和村庄用地的增长边界（图19）。

（4）镇规划定用地布局。在增长边界范围内，镇域规划和镇区规划确定用地布局方案。

3.3.2　在小城镇层面推进信息化并与其他三化相互动

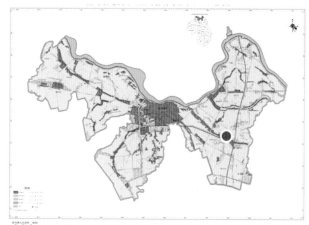

土地利用规划建设用地空间管制图（2020年）

确定城乡空间布局　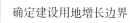　确定建设用地增长边界

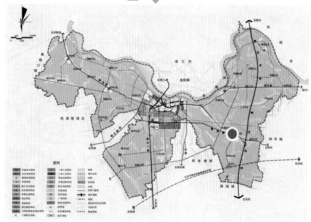

镇域规划中期建设规划图（2020年）

图18　建设规划图

（1）编制专项规划。单独编制虚实结合、内容全面的信息化融合发展专项规划作为镇域规划的专题支撑（图20）。

（2）结合龙头企业制定发展策略。规划以福娃集团信息化的物流营销渠道为基础打造镇企共建共享的信息平台，加大对新沟城市形象、文化、特色产业的宣传营销，打造"智慧新沟"。

（3）策划四化融合路径。不仅强调工业化与信息化"两化融合"，而且以工信部相关政策为指导制定新型城镇化、农业现代化与信息化的融合发展策略和措施；

（4）以项目工程为具体抓手。结合信息化相关部门的项目建设，制定新沟镇信息化"5+17"重点工程。

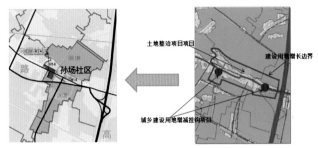

图19　孙场建设用地增长边界与用地规划

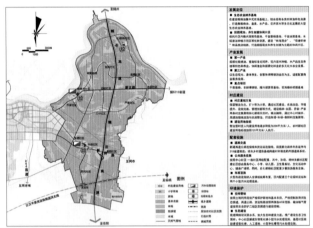

镇域分区规划导引图

近期试点村庄规划导引图

镇区单元导控图一

镇区单元导控图二

镇区单元导控图三

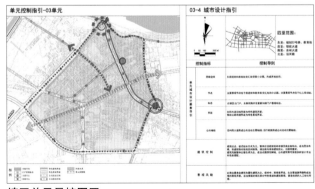

镇区单元导控图四

图20

内蒙古自治区通辽市科尔沁区大林镇总体规划

编制单位：中国城市科学规划设计研究院
编制人员：陈廷龙　李宛莹　胡朋双　张志国　皮雨鑫　秦恺云　苏　扬　陈志强　李晓楠　肖　洋　田哲豪

1 基本概况

1.1 项目概况

区位：位于内蒙古自治区通辽市科尔沁区东部，是全国重点镇（图1）。

面积：城镇行政辖区范围包括58个行政村，面积510km²。

镇类型：现代农业镇。

产业：中国北方玉米主产区，通辽市域玉米产量2010年436万吨，占内蒙30%，全国2.5%。

人口：2013年全镇总人口89469人，其中户籍人口80522人；镇区总人口约3万人，其中常住人口为10377人。近年人口外流特征明显，城镇建设发展快。

1.2 主要特征

就业以一产为主，家庭经营在农业中的基础性地位显著。劳动力与产业构成错配。

人口集中分布在镇政府所在地及周边村，周边村人口规模小，镇政府所在村人口居首。

村庄分布沿道路集中，分布散规模小，建设水平低，服务配套不均衡。

全国十大文明商贸市场之一。镇内有资源型、酿造型、流通型、建工型等工业企业40余家（图2）。

1.3 科学定位

（1）发展定位

通辽市与东北地区协作的窗口与门户，农业现代化发展示范镇（图3）。

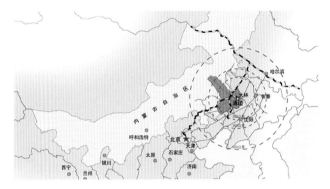

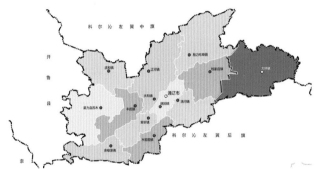

图1　区位图

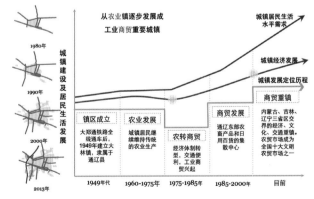

图2　城镇建设历程

（2）城镇化总体发展目标

全面加强农业农村建设，打造现代农业发展格局；优化产业结构；带动农业升级；倡导生态农业；推进农村服务建设。

坚持走新型工业化道路，推进工业结构优化升级：项目支撑产业发展，自主创新，节能减排，发展低碳。

培育发展现代服务业，全方位提升第三产业：建设以货物代理、中转配送、仓储运输为主的物流中心。

2 方案介绍

2.1 人口规模预测

2.1.1 人口概况

镇域人口概况:2013年全镇总人口89469人，其中户籍人口80522人；镇区总人口约3万人，其中常住人口为10377人（图4）。

2.1.2 镇域现状城镇化

人口城镇化现状与特点:大林镇辖区面积510平方公里，58个行政村，城镇化率为28.05%，远低于国家及内蒙古自治区城镇化水平。

2.1.3 人口发展趋势

户籍人口——"零增长"，常住人口——"缓慢减少"。镇区户籍人口自2004年~2014年10年间基本处于"零增长"状态，镇区常住人口规模呈"减少"的趋势。

缺少发展动力——"人口外流"，户籍人口数大于常住人口，在没有重大发展变动的前提下，反映到空间上，未来城镇发展趋势必然是呈现一种空间增长停滞甚至是逐渐萎缩的状态。

未来城镇发展将走向镇区内部功能的完善和环境的提升。

2.1.4 人口与城镇化预测

综合递增率法：自然增长率至2015年取0.8%，至2030年取0.6%。预测大林镇近期人口机械增长率为1.9%，远期为1.7%。

近期2015年：9.44万人；

中期2020年：10.58万人；

远期2030年：13.28万人。

城镇化水平预测:相关规划预测的结果——根据《通辽市城市总体规划》（2012—2030），通辽市城镇化水平2015年为46.5%，2020年为53.0%，2030年为66%。

2.2 产业发展与扩大就业

2.2.1 产业发展特征与存在问题

就业与产业发展特征：劳动力与产业结构错配、劳动力外流情况持续增长。

大林镇产业与就业存在问题表现在如下几个方面：

1）产业结构高级化程度相对较低，尚未与周边地区形成良好的分工与协作格局；

2）产业链较短，缺乏劳动密集型和劳动技术密集型产业；

3）产业与就业之间的关系问题，二产提供就

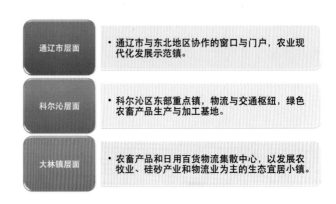

图3 发展定位分析图

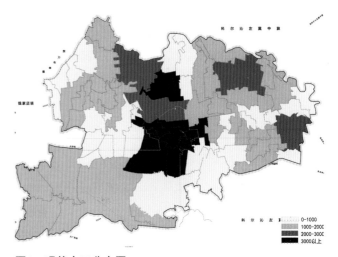

图4 现状人口分布图

业不足的情况导致大量青壮年劳动力外流，其结果是延缓了农业的产业化及现代化发展进程，从长远的粮食安全角度看是亟待解决的。

2.2.2 产业发展思路

大林镇作为通辽市东部门户，积极构建地区产业结构升级的先导区。

农业：由传统农业种养殖向现代农牧经济转变，向规模化和高效组织发展，产业化同时兼顾多元化。积极培养现代产业农民，大力推广新技术，积极培养农牧龙头企业。

工业：延伸产业链条，培育非资源型产业；培育农产品加工等低耗水的非资源型加工业。

服务业：由生活性服务业向生产性服务业转变，提升服务业水平也是未来实现农业现代化的有力保证。

2.2.3 产业体系构建

"1+3+1"的产业体系：

"1"指特色农牧产品深加工业，依托大林的农牧业产业基础，落实科尔沁区"十二五"产业布局。

"3"指现代商贸物流业、新型建材制造业、食品制造业三大主导产业；依托区位和资源优势，大力发展商贸物流业，将大林打造为蒙东地区物流集散中心；依托自身型砂、硅砂资源矿藏，发展新型建材，快速提升自身经济实力；延伸农牧产业链条，发展食品制造业，创立品牌，扩大自身影响力，带动农牧业的循环发展。

"1"指玉米生物化工战略产业；依托区域资源，引入技术资金，打造新兴产业；与东北经济区产业对接，融入通辽与东北经济区合作协作中。

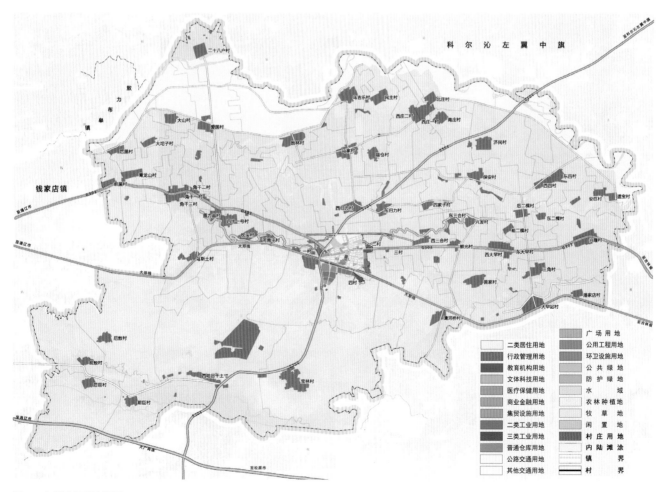

图5 土地利用规划图

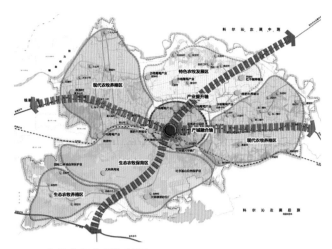

图6 产业空间布局规划图

2.3 镇域空间规划

2.3.1 生态环境规划

规划确定"一带两区"的生态结构。

"一带"为生态保育涵养带。由国有二林场自然保护区向东延伸至土尔基山自然保护区的生态林带。同时本带又是上位规划中西辽河平原农产品提供区和科尔沁沙地生态保育区的分界线。

"两区"为镇域北侧的基本农田保护区和南侧的生态农牧保育区。基本农田保护区为西辽河冲积平原,土地相对肥沃,为西辽河平原农作物带的一部分。生态农牧保育区为科尔沁沙地生态保育区的一部分,因其生态环境较差,主要由沙丘和草原构成,因此今后应以保育恢复为主。

2.3.2 土地利用规划

规划期末保留17个行政村,28个行政村规划为为耕地,13个行政村规划为自然保留地或园地。城镇用地北侧用于村庄居民安置。规划期末黄色斑块为基本农田,绿色斑块为增加一般农田。

居民点大部分分布在铁路北侧,地形区域平坦,适合农业种植。铁路南侧林地较多,地形坡度较大,以林地为主(图5)。

2.3.3 镇村体系构建

规划大林镇村镇等级规模形成"中心镇—中心村—一般村—基层村"四个规模等级。

2.3.4 产业空间布局

"一心五片,一横一纵":

"一心"是以镇区为核心及辐射周边的村,是产业核心发展圈层。

"五片"分别根据现状村庄发展产业和生态保护区分布情况,北部以特色农业和农牧养殖为主,南部以生态保育和生态农牧为主。

"一横"是以国道和铁路为轴向东西发展,西侧通向通辽市,东侧通向双辽、沈阳经济区。

"一纵"是以南北向省道为轴,串联起镇区主要产业的产业提升带,向北通向保康(图6)。

2.4 镇区规划

尊重自然环境,顺应水系契合地貌,延用原有自然肌理,以铁路为界,规划南北两个片区,形成铁路以北生活区,铁路以南工业区的整体格局(图7)。

(1)空间结构

总体空间结构为:"两轴、一心、两片区"(图8)。

两轴:城镇综合发展轴。

一心:综合服务中心。

两片:生活居住区;工业生产区。

(2)公共服务设施用地布局 (图9)

保留、扩建原有公共设施并新增规划公共服务设施。

商业设施:入口处现有一些较为破烂的建筑,规划将其拆掉重新建设,形成较大的商业片区。

为南部产业园区规划配套商业设施,为居住区规划配套商业设施。

集贸市场:在镇区东侧规划一处新集贸市场。

文体科技:在镇区中心地段规划一处活动中心,服务于老年人和青少年。

(3)道路系统规划

道路系统规划形成"两横三纵五辐射"的主干路网(图10)。

303国道外迁至北侧,采取内外交通分离策略,降低过境交通与内部交通的相互干扰。

以区域国道、省道、铁路系统为载体,加强大

图例

R2	二类居住用地
C1	行政管理用地
C2	教育机构用地
C3	文体科技用地
C4	医疗保健用地
C5	商业金融用地
C6	集贸设施用地
M2	二类工业用地
M3	三类工业用地
W1	普通仓储用地
T1	公路交通用地
T2	其他交通用地
S2	广场用地
U1	公用工程用地
U2	环卫设施用地
G1	公共绿地
G2	防护绿地
E1	水　域
E2	农林种植地
E3	牧草地
E4	闲置地
⚡	变电站
油	加油站
瓶	瓶装供应站
邮	邮政支局
水	水　厂
垃	垃圾转运站
✹	供热设施

图7　用地布局规划图

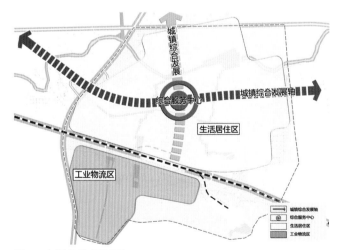

图8　空间结构规划图

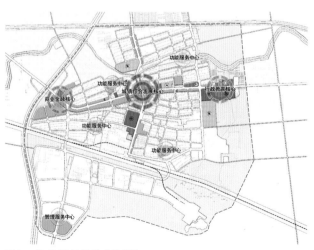

图9　公共服务设施规划图

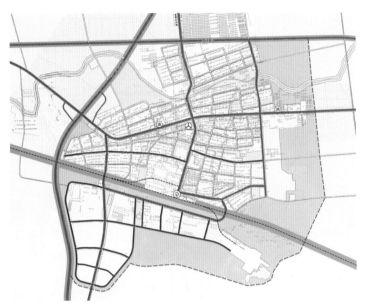

图10　道路交通规划图

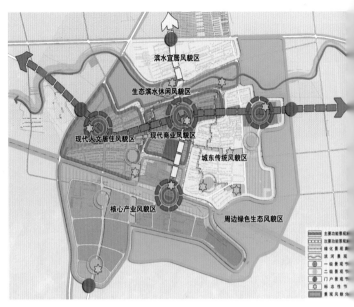

图11　景观风貌规划图

林镇与周边区域互通联系。

路网主要为错落式。

保持现状火车站1处，长途客运站1处，保留客运中心的城乡公交首末站和长途客运功能。

（4）绿地系统规划

绿地系统由公共绿地、防护绿地、广场用地构成，形成"一廊两心三带，绿带穿城，生态环抱"点线面结合的网状绿地系统格局（图11）。

一廊：滨水生态廊道。

两心：滨河生态公园、南区社区绿地。

三带：中心城区绿带。

生态环抱：外围生态绿地、林地。

（5）景观风貌规划

"南林北耕链水拥城，七片区域绿成网络"：

七片：生态滨水休闲风貌区、现代商业风貌区、核心产业风貌区、现代人文居住风貌区、城东传统风貌区、滨水宜居风貌区、周边绿色生态风貌区。

两廊：中心大街主要功能景观廊道，富林路次要功能景观廊道。

四心：城镇发展中心及各片区中心所在地形成功能景观节点。

3　主要特点

3.1　调研深入扎实、科学严谨，对存在问题分析深入

3.1.1　调研形式

以实地调研、座谈会、部门沟通、村干部访谈，以及村民调查问卷与抽样访谈等形式进行深入调查。

根据现场踏勘调研、基于GIS的用地适用性评价、现状建设用地统计对镇区用地进行全面评定。

3.1.2　抓住镇当前发展面临的主要问题

从城镇化特征来看，科区经济发展活力旺盛，大林是其东部的增长极与特色发展镇。近年经济发展迅速，城镇化进程加快，但呈现出低水平、缺统筹的城镇化特征。

从人口流动来看，近年人口外流趋势加强，在村民的发展意愿调查中，镇区是人口回流的主要载体，但需要解决发展和公共服务配套等相应的问题。

从产业与就业关系来看，就业以一产为主，家庭经营在农业中的基础性地位显著。劳动力与产业构成错配。

从城镇建设来看，发展迅速，但镇区人口吸引力不足，人口呈现出外流特征，建立在空间基础上

的公共服务设施供给没有满足发展的需要。

现阶段迫切需要解决的是城镇建设和产业协调与就业问题，通过问题的解决促进长期发展，即吸引人口回流和城镇化健康发展，因此，协调产业与就业之间的关系和提升公共服务水平是本次大林镇规划的两大核心任务。

3.2 注重规划的可实施性，突出近期建设项目安排

3.2.1 解读甲方发展诉求

以调研问卷与现场访谈的形式，多种方式了解地方对规划与发展的诉求，通过分析总结，多次沟通专家研讨等反复推敲，使规划方案更符合地方发展的诉求（图12）。

3.2.2 对接现状发展水平

充分对接现阶段的发展水平，包括社会、经济、文化、建设、人口等方面，通过合理分析进行预测，形成更具有可实施性的建设方案。

3.3 构建农民生产生活功能圈

3.3.1 构建生活圈

根据现状居民点位置、人口和公共服务设施现状，选择和提取各个等级农村生活圈中心，构建农村生活圈，优化配置公共服务等级体系（图13）。

农村生活圈分为三级：

基本生活圈——（服务半径500m），共71个，主要增加幼儿园、卫生室等满足基本需求的公共服务设施。

一次生活圈——（服务半径3.5km），共13个，主要增加小学、市场等公共服务设施，提升服务等级。

二次生活圈——（以镇区为中心服务整个镇域），主要增加体育场等等级较高的公共服务设施。

3.3.2 构建生产圈

生产圈的构建不仅有利于及时防灾减灾，降低成本，同时有利于促进大林镇组建专业合作社作业，推进高效现代农业发展（图14）。

生产圈依据地域特征分为两个类型：

（1）农业生产圈，达到作业点设置适当，以辐射半径5km的标准，北部三个、南部一个。

（2）牧业生产圈，以游牧可来回里程（约五公里）为半径标准，并结合南部草场情况，设置2个牧业产业圈。

3.4 多维度准确把握发展阶段和核心问题

小城镇问题更需全局视角，从区域角度审视，开展更大范围的公众参与。认识发展阶段，把握核心问题，着眼长期问题，谋求长远发展。

从多个维度关注镇的发展：

维度一：草茂水丰，绿带织网，营造良好外部环境。

维度二：尊重自然，延续肌理，规划有机整体格局。

维度三：交通通畅，用地集约，设计科学交通路网。

维度四：尺度宜人，特色彰显，营建宜居居住。

维度五：复合功能，覆盖全面，配置高效公共建筑。

维度六：规模合理，尺度宜人，开发活力商业街巷。

维度七：凸显山水，串珠引线，布局开放公园绿地。

维度八：准确定位，合理布局，建设规模适宜的工业园区。

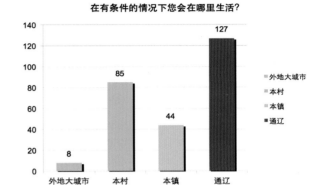

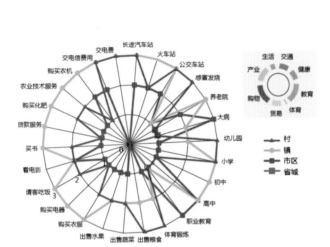

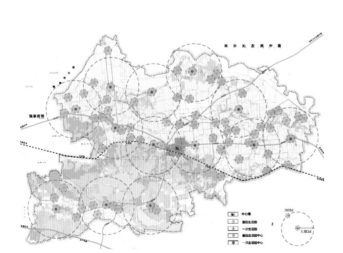

图12 公共服务设施分布与分布期望调查

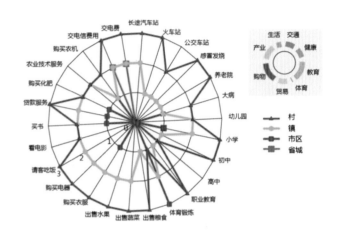

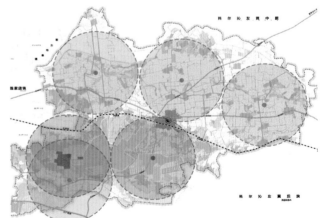

图13 生活圈规划图

图14 生产圈规划图

村庄规划篇

北京市怀柔区渤海镇北沟村村庄规划

编制单位：北京清华同衡规划设计研究院

编制人员：王　健　闫　琳　刘津玉　曾　婧　吴海飞　蒋廷大　刘　慧　李　瑶　张军慧　万　涛　吕晓荷

1　基本情况

北沟村位于北京市北部山区。属于怀柔浅山区渤海镇。东部距慕田峪长城景区约1km，西部距田仙峪村1km，西南距辛营1.4km。村域总面积约294.6hm²，约4400亩。村庄建设用地总面积约13.39hm²。全村共148户，总人口344人。村域面积3.22km²，村庄面积仅8hm²。北沟村主导产业是板栗、核桃等土特产品的生产和销售。2012年农民人均纯收入为17653元。

2　方案介绍

2.1　区域发展协调

（1）区域发展判断

北沟的村庄发展以长城国际文化村整体发展为前提。通过与其他村庄的优势条件比较，各村各取所长、错位发展，为四村联动发展实现功能衔接与

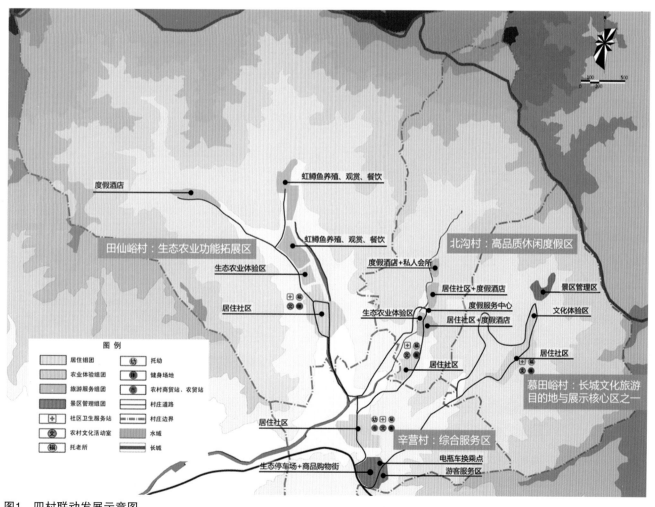

图1　四村联动发展示意图

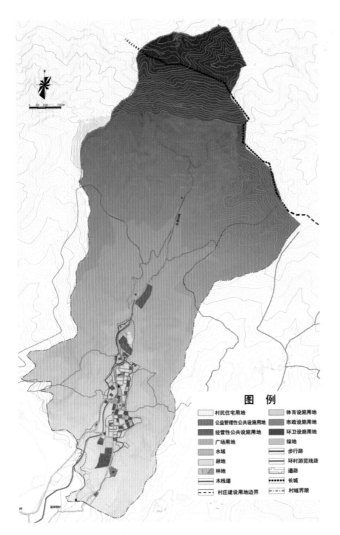

图2 村域用地规划图

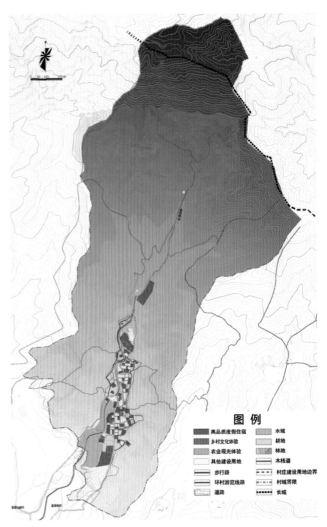

图3 村域功能规划图

空间预留（图1）。

（2）上位规划衔接

长城国际文化村定位为长城国际文化特色区、城乡绿色生态示范区、乡村永续发展试验区。

2.2 村庄发展定位

打造高品质度假休闲及生态、文化体验基地，建设一个生态舒适、文化共荣、永续发展的活力乡村社区（图2、图3）。

2.3 村域空间规划

（1）村域空间结构

通过对村庄居住、各类产业的分区布局，空间上形成综合服务中心、组团服务中心和根据不同功能划分组团，如：居住区、休闲度假及文化体验产业区、农业产业区、户外休闲体验区四个空间分区。

（2）绿地景观系统

依托村庄山形地势，整合村庄内闲置空间，打造多样化的绿地景观系统。

（3）村域交通组织

车行交通规划：不增加北沟村内道路宽度，保持现状的对外环村单行车道。

游步道规划：规划四村之间、各主要景点、及村庄环村区域均有游步道设置，采用木栈道、石阶、硬质铺地等形式。

停车场规划：规划在辛营村服务区处增设一座大型集中停车场。

2.4 村庄用地布局规划

分组团、分片区落实产业功能空间布局。在沿山、滨水等相对安静、私密的地区布置休闲度假功能空间。以村庄主干道为主轴，两侧布置商业、文化、体验等公共服务功能。在村庄核心农业区域布局精品农业种植、体验、教育等功能空间。结合山体环境打造沿山户外休闲游览线路，布局休闲体验空间（图4）。

2.5 村庄道路规划

村庄道路共分为对外联系道路、村庄主要道路、村庄巷道和宅间路四级。

对外联系道路：规划以村庄南侧东西向道路为界，将其与原有U形村庄环路以南路段重新规划为对外联系道路。道路红线宽度为7m，路面材质为水泥或柏油，并路边增加植被空间。

村庄主要道路：由村庄南侧东西向对外联系道路为界，其北侧路段至村北石岭山脚下的道路作为村庄主要道路。保持原有道路宽度，对路面材质进行改造。

村庄巷道：保持现有村庄巷道骨架和路面宽度，仅对路面材质进行改造，以石板和石砖路铺砌为主，并增加路边植被空间，打造部分小型开敞空间。

宅间路：修整村内宅间路，保持原有道路宽度，路面以石板路、石砖路为主，局部可加以点缀（图5）。

2.6 村庄公共服务设施规划

行政办公：将现状村委会进行改造，未来继续承担村庄管理职能。

商业服务设施：改造村委会北侧的两个宅院，未来作为村庄综合旅游服务中心，也承担部分村庄历史文化展示功能。

文化娱乐设施：在餐厅南部规划村庄博物馆一处，展示村庄历史、民俗风情。在餐厅东侧规划小型会议中心一处，满足公共性会议需求。在村庄中部居住组团南侧，瓦厂北侧，规划将一户农宅改造为农业教育体验服务中心。并在村庄南部集中居住区内部，集中规划建设村民生活服务中心一处，布置老人食堂、图书馆、健身房、棋牌室等综合服务功能。

医疗卫生设施：将原医疗卫生室搬至村南集中居住区综合服务中心（图6）。

2.7 村庄基础设施规划

（1）燃气

规划建议扩大村庄现有秸秆气站设备规模，在

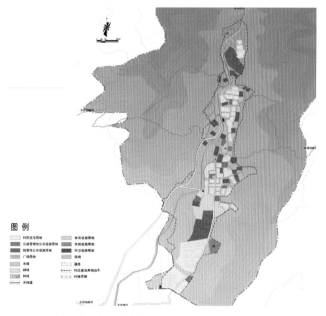

图4 村庄用地布局规划图

图5 村庄道路规划图

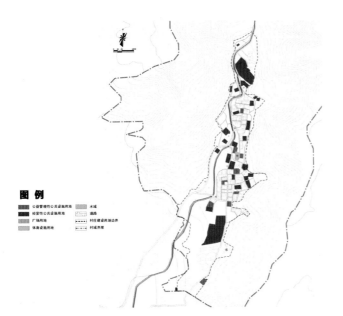

图6 村庄公共服务设施规划图

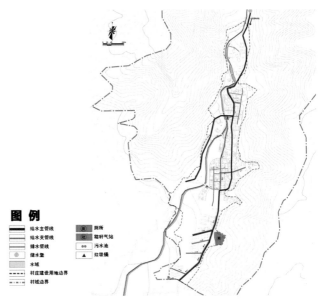

图7 给水设施规划图

原有基础上增加两台气化炉，满足村庄未来旅游接待和村庄南侧新建集中居住区需求。

（2）供暖

在村南集中居住社区设置集中供暖设施，结合现状秸秆气站，采用秸秆气化供暖技术。

村内村民住宅采用分户采暖的方式，工程改造增强保温隔热功能，鼓励使用吊炕、电暖地板、太阳能等节能设施。

（3）环卫

采用"村收集、区集中处理"方式，由怀柔区环卫局每日统一收集。

沿村内主要街道、广场、公共空间以及村庄南侧集中居住区，按间隔50～80m就近设置垃圾桶，并逐步展开垃圾分类收集、处理。

（4）给水

规划村庄水源以地下水为主，并考虑未来村庄旅游产业发展，逐步完善、改扩建村庄现状集中供水系统。

考虑南部农民集中居住区建设，在规划期内从村北取水点增设一条DN160的给水主管，沿村庄主要道路单侧设置。

利用储水堡进行水量储存，满足消防用水需求（图7）。

（5）排水

村内多采用可渗透式绿地，雨水沿村庄路面排放至河道。南部集中居住小区南侧建设生态式集中污水处理设施一处：处理能力40t/d。考虑未来村庄旅游产业发展，南部农民集中居住区建设，村庄排水系统进行改扩建。

（6）防灾

地处地震基本裂度六度区域，房屋建设必须符合相关抗震标准。对不符合抗震设防要求的建筑进行加固或拆除。保障道路通畅性，规划震灾避难场所。河道按照20年一遇标准设防。控制河岸两侧建设。清理河道内部，禁止在河道内进行农作物和果树种植。

（7）消防

村庄道路消火栓间距不大于120m。在公共场所配置干粉灭火器，部分宅院增设水缸等储水设备。建议在村内组建村民消防监察队，公共区域设置消防宣传栏。

3 主要特点

3.1 村庄风貌规划

（1）重建村庄生命机制

以人为根本，以环境为依托，以细节为亮点。

保留村庄传统生活方式，人群的记忆、家族群际关系等。保留传统建筑形式和工艺做法，保留具有地方特色的村庄家具。

（2）营造村庄场所精神

场所是一个地方的精神载体。保留村庄居住场所、劳作场所、休息场所、社交场所、娱乐场所等。保留村庄尺度、空间模式、邻里关系、建筑肌理，保留住一方水土与文化（图8）。

3.2 建筑改造

（1）模式（一）：田园型

1）建筑功能与定位

功能定位为精品度假、乡村体验的居住类建筑。南北向主要功能空间作为卧室及起居室，东西向功能空间布置餐厅、厨房、卫浴等辅助配套功能（图9）。

2）建筑空间与环境

南北向房间设置室外平台，形成灰空间，室外摆放家具模糊内外空间界限，充分利用内院环境、卧佛山及长城景观，营造"长城脚下的客厅"建筑空间体验。内院设置室外餐饮设施、生态池塘及体验种植田（图10）。

3）建筑材料与构造

建筑材料沿用传统民居的红砖青瓦，保留原有建筑结构体系及屋顶构造做法。取消太阳能热水器，结合坡屋顶采用光伏发电板，增加建筑节能效果。

（2）模式（二）：商务型

1）建筑功能与定位

功能定位为精品商务会所。南北向主要功能空间作为商务及会议的大空间，东西向功能空间布置休闲娱乐及辅助配套功能。

2）建筑空间与环境

南北向房间面向内庭院打开，营造保证私密性的同时具有开敞安静氛围的商务空间（图11）。

3）建筑材料与构造

建筑材料沿用传统民居的青砖红瓦，门窗采用传统木质形式，加建部分结合钢和玻璃、混凝土等现代建筑材料，采用钢结构实现大空间改造。

传统的建筑形式和工艺做法

具有地方特色的"村庄家具"

图8 地方传统与特色

建筑平面现状图　　　　建筑平面改造图

图9 建筑改造图

图10 建筑改造模式（一）

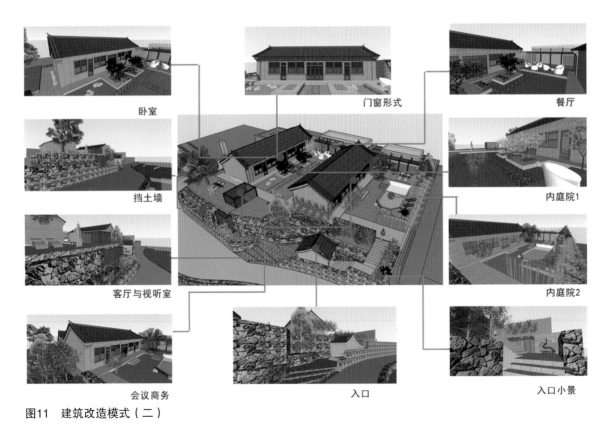

图11 建筑改造模式（二）

北京市延庆县四海镇南湾村村庄规划

编制单位：北京建筑大学　　北京市城市规划设计研究院

编制人员：丁　奇　叶　楠　钱　佳　王宏侠　潘　颖　祖广伟　蔡宗翰

1　基本情况

南湾村位于北京市延庆县东部山区，距县城41公里。村庄南北高，中央低，南部与北部均为山区谷地，平均海拔728m；属于中纬度暖温带大陆性半湿润季风气候，四季分明，平均气温7.4℃，降水在550～700mm之间。

村域面积4.64km²，全村共有320户，561口人。

村庄主导产业为花卉种植，品种有万寿菊、茶菊、玫瑰等。民俗旅游是村庄主要经济增长点，目前民俗户有14户，可容纳200人，2013年人均年收入7000～8000元。

2　方案介绍

2.1　现状调研

（1）用地现状

村域总用地面积为482.25hm²（图1、表1）。村庄总用地面积为14.95hm²，人均建设面积为269.86m²（图2、表2）。

（2）村民满意度调查

南湾村共320户，我们对其中100户抽查调研，发放调研问卷，得出对现状主要生活设施和市政设施的满意度和意见调查包括：道路安全、公共活动空间、商业设施、照明情况、公共服务设施、基础服务设施等。

（3）现状存在的问题

土地利用与产业发展：没有根据未来的产业发展趋势划分出用地，产业发展动力不足，以乡村旅游服务业为依托的第三产业缺乏系统规划指引。

村庄风貌：建筑风貌不够统一，一些现代建筑破坏了原有的村庄风貌。院落缺少绿化，农村乡土气息不明显。

安全隐患：村庄中部有省道穿越，造成安全隐患。

基础设施：基础设施相对较为完善，但垃圾处理不当，针对游客的服务设施和针对村民的公共设施需要进一步建设。

2.2　分析定位

（1）上位规划

《北京城市总体规划（2004—2020）》将延庆县定位为生态涵养发展区进行保护；延庆县为打造国际旅游休闲名区，提出了"县景合一"的发展目标，计划用5年时间，将整个县域近2000km²的范围建成一个"宜居宜游"的大景区。

《延庆县"十二五"规划》针对四海镇的发展战略中提出，整合四海、珍珠泉、刘斌堡等东部沟域资源，打造大地景观，策划休闲旅游业，提升特色经济发展水平，整体打造"四季花海"大沟域。

（2）周边区域分析

"四季花海"沟域整合了延庆东部山区四海镇、珍珠泉乡、刘斌堡乡的沟域资源。沟域总长度47km，规划面积164.17km²，涉及29个行政村。南湾村位于四季花海沟域地理中心位置，属于"四季花海复合产业区"，且周围围绕有玫瑰、菊花种植园，有独特的景观优势。

（3）村庄总体定位

村庄已基本完成了基础设施的改造，现阶段任务是村庄整治规划，并结合周边四季花海的产业优势与景观优势，发展村庄特色产业（图3）。

2.3　空间管控

（1）生态敏感性分区规划

一级敏感区多为自然生长的树林。该区域属于高生态敏感区，村域规划中不但不能砍伐破坏，还

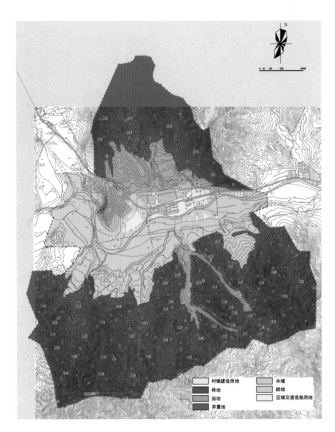

图1　村域用地规划图

表1　村域用地规划平衡表（北京城乡用地分类）

大类	中类	类别名称	用地面积（hm²）	百分比（%）
E	E1	水域	5.22	1.08
	E2	耕地	130.63	27.09
	E3	园林	17.22	3.57
	E4	林地	313.49	65.01
H	H14	村庄建设用地	14.68	3.04
	H2	区域交通设施用地	1.93	0.40
合计			482.25	100.00

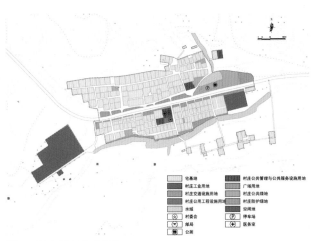

图2　村庄用地规划图

表2　村庄用地规划平衡表

类别代码	类别名称	用地面积（hm²）	百分比（%）
VA	村庄公共管理与公共服务设施用地	0.41	2.63
VB	村庄商业服务业设施用地	0.74	4.71
VU	村庄公用工程设施用地	0.07	0.45
VM	村庄工业用地	2.22	14.19
VS	村庄交通设施用地	0.19	1.24
	村庄道路用地	3.34	21.37
VG	村庄公共绿地	0.83	5.28
	村庄防护绿地	1.04	6.67
VR	宅基地	6.80	43.45

要进行一系列的防火、防洪措施，保护好该区域的生态平衡。

二级敏感区为果树和经济林，具有维护山林景观和产生经济效益两种功能，该区域可以根据需求进行一定的变动。但要以生态平衡为基础。

三级敏感区为花田和农田种植区，根据季节其种植的面积会有较大幅度的变更。敏感度较低，可以根据土壤的需求实施轮作。

建设区为村庄内实施建设的区域，建设区的生态敏感度最低，进行建设时需要考虑村庄的整体风貌（图4）。

（2）景观特征分区规划

完善南湾村景观特征分区，整合山顶、山腰、山脚的景观特征，使南湾村的景观特征在视觉衔接

图3 周边区域分析图

性加强、过渡性连贯、观赏性突出。

同时四个垂直方向的景观特征在植被选择、色彩分布、功能设置上都予以考虑，突出南湾村的景观视觉优势（图5）。

2.4 村庄整治规划

（1）用地规划

保留现状村委会大院，将其改造为村图书馆与村民培训基地；将数字农村放映点改进为公共文化活动中心，包括老人活动中心、文化娱乐等；村庄老人都在自家居住，根据访谈，不需要规划敬老院；规划选择靠近村委会的中心地块建设幼儿园；保留现状健身用地，适当增加健身设施（图2、表2）。

（2）道路规划

梳理道路网络，将部分用于旅游开发的道路升级为村间干道，并与村域中的四季花海观景道相联系（图6）。

（3）给排水规划

将已有水泵与水塔相联系，以提供持续稳定的供水（图7）。排水采用分流制，污水管道排放，延琉公路两侧村庄进行雨水明沟引流，分别就近引入村庄周边排水渠中。污水采用管道收集，延琉公路道路两侧分别汇集于村庄东部相对较低处，各设小型污水处理设施一个，并将处理后的中水输入到附近的蓄水水池中。规划污水处理设施日处理污水

360t（图7、图8）。

（4）垃圾收集点规划

南湾村采用依托城镇的垃圾处理方法，即"户分类、组保洁、村收集、村镇运转、集中处理"的模式。整治河道内的垃圾堆放点，定期清理村庄内部的垃圾堆放点和垃圾中转站（图9）。

2.5 农房整治

农房整治分为房屋整治导则与院落整治导则，并进一步细分为屋顶、墙身、基石、门窗、细部、室内、院落、院门、铺地、景观等方面，根据现状分别指出适宜、不适宜的做法。

在此基础上分别对新建与改造的农房提供包含建造方式、空间、立面、材料等方面的建造方案。同时按照不同的经济条件创造不同的选择可能，使得设计更有现实操作性（图10）。

（1）屋顶

1）顶面

颜色，尽量为灰瓦；不接受红色琉璃瓦。南湾村民居屋面普遍为典型干槎瓦式屋面，小青瓦。节省瓦片，但防水较仰合瓦屋面稍差。

2）屋脊

南湾村民居屋脊的正脊多为一字型，两端有砖雕。装饰斜脊用两排或三排仰合式小青瓦。

3）脊饰

脊端装饰样式多，可分为方砖旋转图式、方砖浅雕式、方砖镂空式、蝎子尾式。

（2）墙身

南湾村民居山墙砌筑方式多样，有的为砖砌边框内填当地石材，大多施以抹灰，有的仅用当地石块砌筑并抹灰。 针对贫困的民居背立面墙可采取石质基础，转角用砖块砌筑，主要墙体为夯土，不开窗。材料以红砖为主。辅以砌石墙、部分嵌入的泥和石块墙。不能直接外漏水泥，不能为白色瓷和石块墙。不能直接外漏水泥，不能为白色瓷砖。不易改造的墙身，可以用外部涂料粉刷的方式美化，但颜色要与风貌统一。

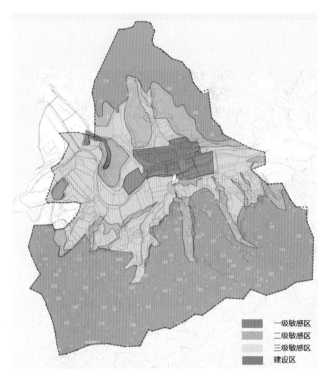

图4 生态敏感性分区规划图

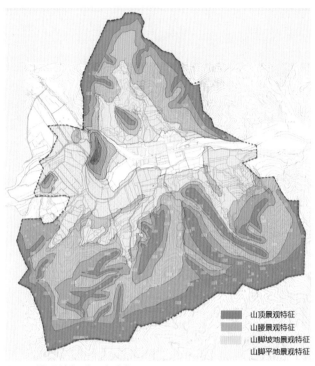

图5 景观特征分区规划图

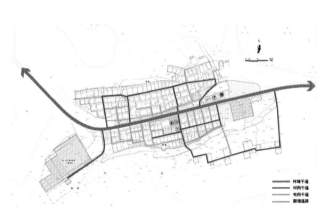

图6 村庄道路规划图

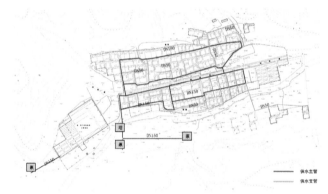

图7 村庄给水规划图

图8 村庄排水规划图

图9 村庄垃圾收集点规划图

（3）基石

房屋必须要有明显的基石部分。材料可为浆砌片石（水泥、石块）、毛石片墙、或者泥浆和毛石等，不能为抹平水泥面。色调为灰色系，与灰瓦屋顶呼应，区别于红砖。

（4）门窗

1）门

在对保温要求不高的房间，可采用老旧木门清理再利用。门的材质以木材为主，局部可采用钢和玻璃、铝合金等。应尊重当地传统门的形式，色彩与整体风格协调。门上张贴诸如对联、福字等时，应主要以红纸手书为主。民居内院门有挂布帘的传统，应该加以继承。部分门上可加设昏暗照明，烘托夜景氛围。

2）窗

尽量采用老旧木窗清理上漆再利用。窗的材质以木材为主，局部可采用钢和玻璃，铝合金等。一般民居应尊重当地传统门的形式，色彩与整体风格协调，不能太过艳丽。尽量不采用白色，灰色、深棕色、黑色为宜。民俗户窗户形式可以有现代感和丰富的变化。

（5）示意民居形式

1）居住兼具民俗接待功能

将村民自家的居住生活与民俗接待合二为一的一种院落形式。此类民居在传统民居的基础上增加了餐厅以及供更多游客休息的客房。

建筑材料与建筑方法是密切结合的。南湾村的居住建筑长期以来保持砖木结合的建造方法。以新建正房为例，北向为砖墙（老房多为毛石或土坯砖）不开窗，东西向为砖墙高窗或不开窗，南向为筑墙基上支木柱，柱间木门窗。屋顶为木屋架，上铺小青瓦。

2）民俗接待

这是以民俗接待为主要目的一种院落形式。民居的主要功能为游客提供一个住宿和餐饮的空间。

其中提供多间客房，供游客休息。内院空间较为宽敞，可供游客放松休闲。

建筑采用南湾传统的砖木结合的建造方式，也会用到新型的建筑材料。

结合每个家庭不同的经济情况，来给他们提供不同的建造方案。例如门窗的选择，因为尊重传

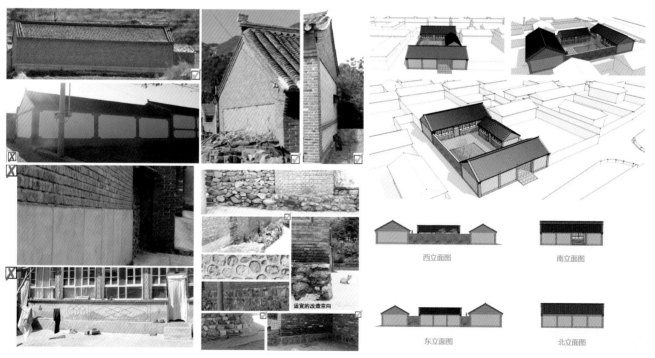

图10　民居示意图

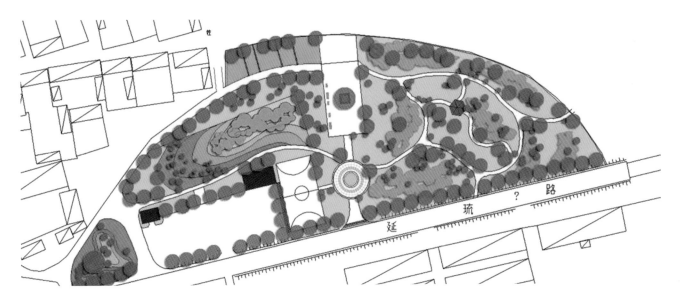

图11 东部小游园规划平面图

东部小游园现状

东部小游园规划意向

图12 小游园改造对比图

统，在窗框的选择上选取南湾特有的方格形式。而在用料的选择上，可以选择手工更贵的木料，也可以选择相对便宜的木纹塑钢。

所以在新的建筑设计中，按照不同的经济条件创造不同的选择可能，既尊重了经济水平，心理水平差异的实现现实，也使得设计更有现实操作性。

2.6 村庄景观规划

（1）绿地和公共空间现状

现状最大的公共空间位于村子东侧的小公园，有凉亭、假山、水池、健身器材等，但村民使用率不高。主要绿化延琉路两边的沿街绿化，但部分地方缺乏沿街绿化。村子内部的公共空间主要以长条状的街巷为主，少量的块状空间也被用作垃圾堆放。

（2）村庄景观体系规划

将村庄景观体系分为三类：

①村庄内部街角公共空间，为村民提供休闲、娱乐的场地；②村东侧小公园绿地（图11、图12），面积较大，功能齐全，展示村庄特色，也可为游客利用；③道路与河道两侧绿地（图13、图14），美化环境，隔音降噪。

（3）旅游设施规划

骑行节点的设置根据休憩、观景、饮食等需求，分为三类节点景观（图15）。

第一类为小型休憩点，主要为慢行的游客提供临时的休憩，布局简单，约400～600m左右设置一

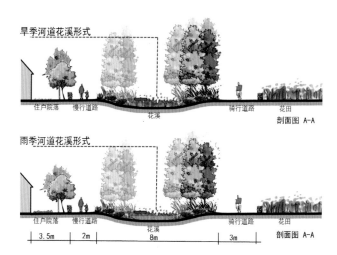

图13　河道绿化剖面图

河道绿化现状　　　　河道绿化规划意向

图14　河道绿化改造图

个。材料：地面采用毛石铺地；放置800mm宽的双面座椅和分散的石头，供游客休憩；植物选用低矮乔木，如杏树，可供游客乘凉（图16）。

第二类为中型休息亭，设置在最佳视觉点的区位上，用于观景和休憩，并设置自行车停车处。材料：自行车停放处的地面采用毛石铺地；设置乘凉亭供游客观景、乘凉，内部可设置买卖点，售卖饮品。植物选用低矮乔木，如杏树，可供游客乘凉（图17）。

第三类为较大的休憩区，设置在靠近服务中心和接待中心附近，提供一定的饮品、食物。设置集中的休息座椅。材料：休憩区域的地面采用毛石铺地；放置400mm×1200mm的座椅和800mm×1200mm的桌子售卖屋为游客提供饮品和食物；植物选用低矮乔木，如槐树（图18）。

3　主要特点

根据具体问题导向规划方式，针对村民现阶段最迫切的需求，即道路安全需求，进行规划设计，改善村民生活质量。

3.1　道路安全现状

延琉路是连接延庆县和怀柔区的一条重要省道，车流量相当大。造成事故的原因主要有三方面：

①过往车辆车速过快，这里没有安装固定测速仪。

②路上没有设置隔离带，行人可以从路上的任

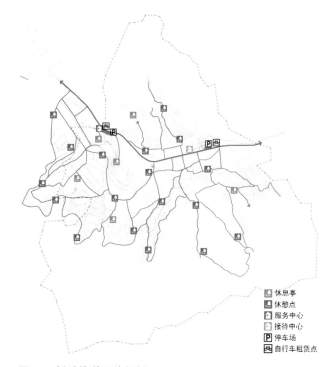

图15　村域旅游设施规划

何位置过马路。道路北侧有8条、南侧有14条村道与省道相交。

③交叉道口被行道树挡住。

3.2　道路安全设计方案

（1）控制车速

现状提示标志和限速慢行标志标示牌距离村庄距离约100m，对驾驶员的提前预告作用有限，建

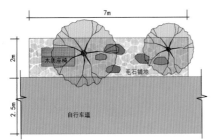

图16 小型游憩点规划

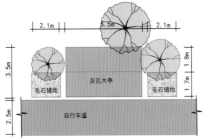

图17 中型游憩点规划

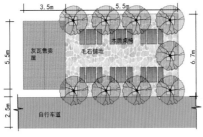

图18 大型游憩点规划

议移至距离村庄200m处。村庄的整个道路约600米，设置6处热熔式震荡减速标线（图19）。

（2）设置护栏

针对延琉路南湾村路段的实际情况，充分比较各种路侧防护设施的设置条件、防护功能以及经济性，同时考虑与公路沿线环境的协调性，我们采用将A级波形护栏与景观结合布置的做法（图20）。

4 创新性

4.1 公共参与融入规划各个过程中

在调研阶段、方案阶段、实施操作阶段各个阶段都有村民参与其中（图21）。

通过入户了解村民需求，与村民互动深入了解村庄发展问题。在规划中努力做到回归乡村本土，简明扼要，清晰易懂，摒弃传统的系统化复杂化的成果表达方式，采用更为简洁的结果式呈现方法。实施建设过程中与村庄村民、投资单位、政府部门

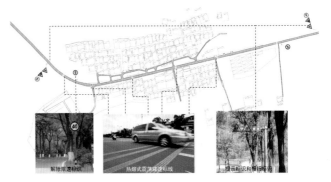

图19 交通安全规划示意

图20 交通护栏设置示意

多方深入协调，并对村民进行培训引导，提升村民认识，进行更加深入的合作交流。

意识和建设景象。

4.2 方案阶段的公众参与

制作通俗易懂的规划方案展板（图22），方便与村民沟通，方便村民理解和相互传达沟通。

4.3 实施阶段的公众参与

在实施过程中，带领村民代表到北京怀柔北沟小园村参观访问，了解优秀村庄的村庄环境、经济发展、设施情况、农房改造情况，使村民看到南湾村未来发展的前景希望，提高村民建设美丽乡村的

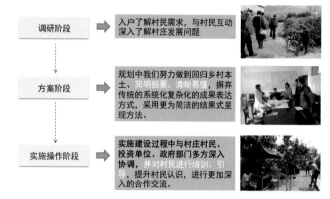

图21　公众参与流程图

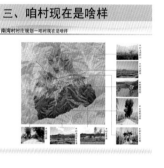

图22　规划公示展板

上海市青浦区朱家角镇张马村村庄规划

编制单位：上海市城市规划设计研究院
编制人员：孙　珊　钱少华　周晓娟　乐　芸　陶　楠　沈高洁　秦　战　李坤恒　姚凌俊　杨　柳

1　基本概况

张马村属于上海大都市远郊的普通村庄，区位较好，基础设施完备，风貌整洁。村域总面积4.62km²（图1、图2），村内包含6个自然村和17个村民小组，2013年年末常住人口1554人。2013年张马村被评选为第二届上海市十大"我喜爱的乡村"，2014年被列为"青浦区2014年度美丽乡村建设区级试点村"。

传统农产品无特色，休闲观光农业蓬勃发展。第一产业以农产品种植为主（图1）。

张马村现有10位老田歌手被授予"国家级非物质文化遗产田山歌（青浦田歌）代表性传承人"称号，为青浦各村之最。2005张马村年被评为青浦田山歌传承基地。

2　方案介绍

2.1　村庄存在问题

（1）核心问题

村民增加收入愿望强烈，产业发展缺少配套设施，新增建房需求无法满足。

（2）一般问题

设施建设：老年活动场所设施陈旧，与松江区

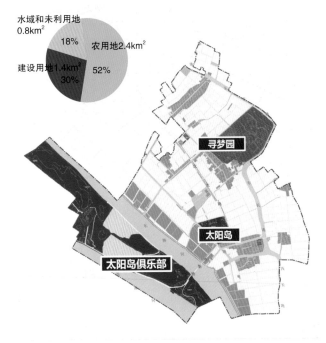

图1　土地使用现状图

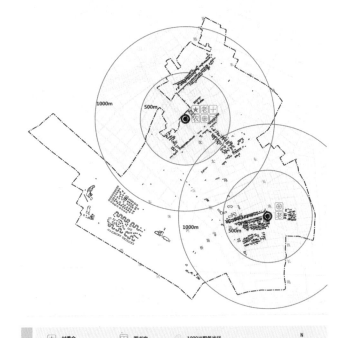

图2　现状公共服务设施图

图3 发展综合分析与定位

的交通联系亟待加强，河道水系需要进一步整治。

产业发展：农产品缺少特色，乡村旅游资源有待整合提升。历史文化：历史资源有待更好的利用，文化如何传承。

2.2 发展阶段与特征

村庄进入转型发展阶段，多元流动特征突显。张马村已经经历了整治阶段，进入第三阶段—转型发展。产业从一产为主导向三次产业并重转型，人口从村民为主导向村民与外来人口共生转型，建设美丽乡村，推动村庄持续发展。

当前上海乡村地区的城镇化，并非从乡到城的单向流动，而是一个双向流动、多元选择的新图景。村民多为工农兼业，不再是纯粹意义上的农民；在村里就业的也不仅仅是本村的村民。

2.3 村庄定位

上海青西地区村庄转型发展的先行者，以都市农业为基础，以休闲观光农业为特色，传承三泖文化，具有江南水乡风情的大都市远郊村庄（图3）。

2.4 村庄整治规划

（1）居民点整治

杨家埭规划维持居住功能。建筑沿河排布，较为规整。规划对零星宅基用地进行撤并，拆除乱建的附属用房、年久失修的危房，整合组团空间，梳理公共通道，增加公共场地（图4）。

莫家浜位于张马村最南端，村内独居老人及空宅基房比重较高，又临近生态园项目，规划鼓励功能

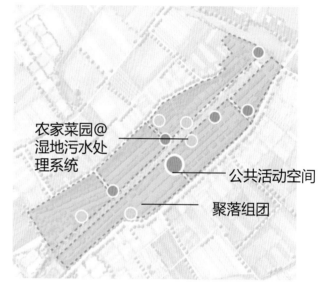

图4 功能布局图

置换，将农房改造为具有接待服务功能的民宿、精品店、SOHO，作为张马村主要的服务接待点（图5）。

2.5 农房建设规划

根据张马村的实际情况，对农房建设进行分类指导，分为修缮、改建、翻建和新建四种类型。规划实施应按照《上海市青浦区农村村民住房建设管理实施细则（修订）》相关规定执行。

根据建筑风格、特性以及现状的不同，将村内建筑划分一类、二类、三类这三种建筑质量，根据张马村未来发展趋势和整治规划，分别对应修缮、改建、翻建、新建四种相应的改造策略，并针对其分别制定引导导则（表1）。

（1）修缮

修缮类改造立面修缮体现含蓄诗意，以现代中

表1 四类改造措施比较

	适用场合	土地管控要素	建筑管控要素	风貌引导要素
修缮	房屋结构加固、立面粉刷等	不突破原宅基范围	不改变原有建筑格局	立面材质、屋顶、门窗、栏杆
改建	改变原有居住功能，增加旅游接待功能	不突破原宅基范围	不改变原有建筑格局	立面材质、屋顶、门窗、栏杆
翻建	拆除原房，就地重建新房；见缝插针式新建，也按照此标准控制	不突破原宅基范围控制宅基地与道路、河流、农田等的间距	面积、层数、高度	多种房型选择 立面材质、屋顶、门窗、栏杆
新建	成片新建农房	位置与界线、面积、相邻关系	面积、层数、高度	多种房型选择

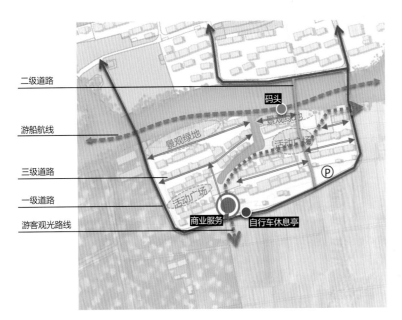

二级道路
游船航线
三级道路
一级道路
游客观光路线

		数量（栋）	备注
现状农房		46	
其中	保留	42	
	拆除	6	因危房、河道拓宽或者环境整治建议拆除
规划农房		44	
其中	保留	42	
	新建	4	

图5 莫家浜交通组织分析图

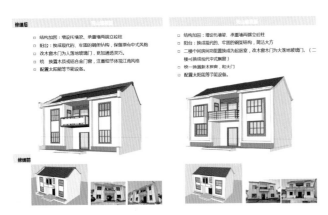

图6 修缮类改造引导图

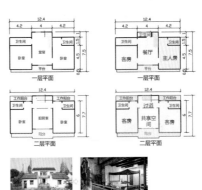

图7 改建类改造引导图

式,江南风情为特色,形式简洁节约。修缮内容主要包括结构加固、水管线管重排、立面粉刷、门窗更换、阳台构建更换、屋顶太阳能板架设等(图6)。

(2)改建

改建类改造着重完善民宿体验功能,增设独立卫浴,共享设施和交流空间。为对接旅游业,规划将部分农房改为可接待游客住宿的民宿,保留建筑原有外观和结构,将内部空间调整为具有接待功能的客房和设施。通过景观小品、花架门廊优化界面,虚实结合,打造通透流畅的空间(图7)。

(3)翻建

为翻建类改造提供可选房型,建筑风格与村庄整体风格协调统一,结构牢固,功能合理,外观简洁(图8)。

(4)新建

新建类农宅应符合相关宅基地面积与建筑要求,行列式布局,采用两户双拼的形式,可选房型高低错落,形式丰富,体现紧凑集约,功能合理,形式丰富,外观协调与整体村庄风格相协调(图9)。

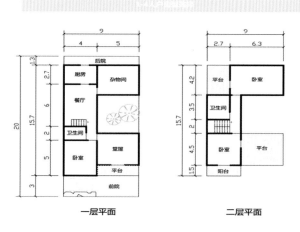

宅基地面积180平米,建筑占地面积106平米,总建筑面积178平米

图8 翻检类改造引导图

图9 新建类改造引导图

上海奉贤区四团镇拾村村村庄规划

编制单位：上海市城市规划设计院
编制人员：孙　珊　周晓娟　苏志远　何　宽　秦　战　张　维　郑　豪　金　敏　沈海洲　刘　帅　陶　楠
　　　　　张睿杰　李坤恒

1　基本情况

拾村村西向距离四团镇区约2km，南向距离海港综合开发区约25km，西南向距离奉贤区南桥新城约25km，北向距上海市中心约55km。拾村21村为拾村和南十家村两个自然村合并，共25个生产组，其中拾村共13个生产组，南十家村共12个生产组。拾村村现21状总常住人口3337人，其中外来人口354人。全村户籍人口1107户，共2983人。根据户籍人口统计，40岁以上占60%，60岁以上占25%。

2　方案介绍

2.1　现状问题总结

经调研发现现在问题普遍存在于产业、住宅基础设施和建筑风貌等各个方面（图1）。

2.2　相关上位规划

村庄规划作为城乡规划体系的末端，从宏观到中观受到多层次、多类型规划的指导与约束。包括城镇总体规划土地利用总体规划。同时，相关系统规划对农村地区的各类产业发展基础设施和社会服务等方面都有重要的指导意义（图2）。

2.3　空间管制

禁建区：完全禁止建设区域。指城市防护绿化、涵养林、特殊市政设施防护安全区域、河流水

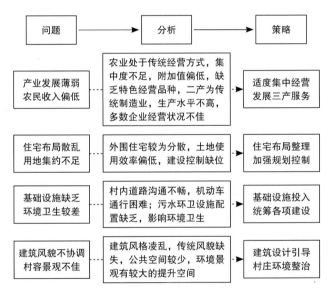

图1　现状问题总结

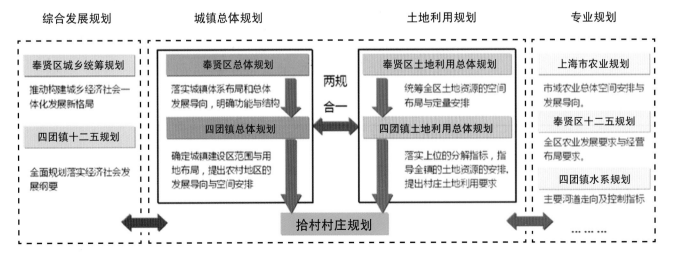

图2　相关规划体系

系、基本农田区等。

限建区：在规划中划定的不宜建设地区。

适建区：符合规划导向、建设条件较好、以及禁限建区之外的其他区域（图3~图5）。

2.4 用地布局

用地分类结合上海市村庄规划编制导则研究，将农用地和建设用地的二级用地分类进行梳理。

各类住宅用地有序收缩，形成建设用地的紧凑布局和农用地的规模化利用，同时有利于各类设施的服务。保留宅间农用地，形成宅田相间的村庄空间肌理。推动公共服务设施的配置提升，设乡村活

图5 空间管制规划图

动中心。发展农村多层次的服务产业，鼓励住宅和农地空间灵活使用（图6）。

2.5 村庄经济发展

（1）区域产业分析

规划从上海市、奉贤区、四团镇三个层面分析了区域产业情况对村庄规划的影响（图7）。

（2）现代都市农业发展主线

菜篮子——当前都市农产品的供给已经度过了短缺时代，转向品质化特色化和健康化，外域生鲜产品供给的可靠性低，价格波动性大。为了满足本地大量的需求，都市郊区发展农副产品成为必然的选择。

后花园——面向都市强劲的假日休闲需求和消费能力，村庄可以满足都市人群向往田园的期望。

（3）经济模式选择

从产业经济的战略导向和自身条件出发，规划以产业融合模式作为拾村村的产业主导模式（图8）。

（4）农民增收路线

推动建立村庄内部的造血机制，以村民增收为主要目标，通过一产经营新增就业和盘活资产等多

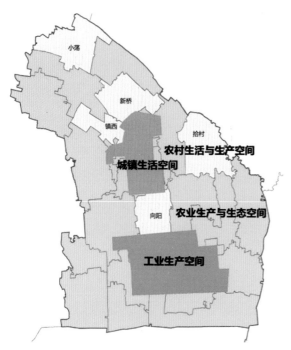

图3 镇域空间引导

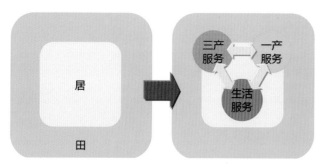

图4 空间结构转变模式图

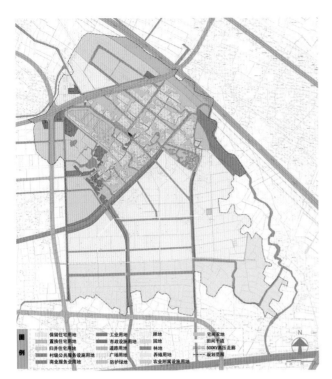

图6 村域土地使用规划图

格局，细分为9大板块（图10）。

（2）高标准设施粮田布局改造

设施粮田含田块、林带、道路、水渠4大要素，共同构成层次清晰有序的生产体系，利于机械生产和标准化管理。形成"田成方、路成网、林成行"的田野景观（图11）。

（3）农田水利规划

规划原则：干渠布置在灌区的较高地带，以便自流控制较大的灌溉面积。使工程量和工程费用最小。斗、农渠的布置要满足机械耕作的要求，渠道线路要直，上、下级渠道尽可能垂直。灌溉渠系规划应和排水系统规划结合进行。在多数地区，必须有灌有排，以便有效地调节农田水分状况。灌溉渠系布置应和土地利用规划相配合，以提高土地利用

种路径，千方百计为村民探索增收路径（图9）。

2.6 村庄整治规划

（1）空间布局

按照规模化经营的理念，结合现状发展条件，调整归并现状农田布局形成东部林地、菜地；北部菜地、西部园地、南部养殖水面和中部粮田的基本

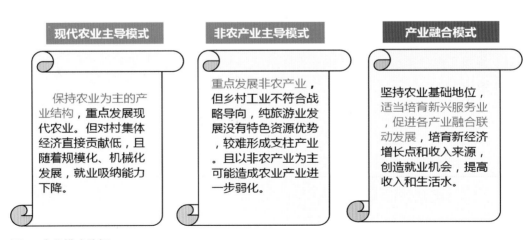

图7 区域农业层次分析

现代农业主导模式	非农产业主导模式	产业融合模式
保持农业为主的产业结构，重点发展现代农业。但对村集体经济直接贡献低，且随着规模化、机械化发展，就业吸纳能力下降。	重点发展非农产业，但乡村工业不符合战略导向，纯旅游业发展没有特色资源优势，较难形成支柱产业。且以非农产业为主可能造成农业产业进一步弱化。	坚持农业基础地位，适当培育新兴服务业，促进各产业融合联动发展，培育新经济增长点和收入来源，创造就业机会，提高收入和生活水。

图8 产业模式选择

主要路径	主要措施	发展模式	预期效益
一产经营	集中规模化农业	承包权流转，家庭农场 水稻规模门槛100亩	家庭年收入10元以上
	特色农产品创新	引进高端品种，火龙果实验种植	现场采摘火龙果每斤30元
		设施化养殖，排除气候影响 调节鱼虾生长周期，提高价格	错峰上市，白对虾每斤35元
	无公害蔬菜直销	设施蔬菜基地可调节生长条件和 环境，减少生产风险	每亩年收益可达3万元
		对接超市、餐厅，订单式生产	
新增就业	从事养老产业	养老管理、护理、后勤等	起步月收入约2500元
	从事农家乐经营	住宿、餐饮、娱乐服务	起步家庭年收入约50000元
	从事公共事业	环境清洁、市政维护、公共管理	起步月收入约3000元
	从事一产配套服务	农机、施肥、打药服务	起步月收入约3000元
	从事村庄建设	道桥、管线、水系、房屋建设	起步月收入约3000元
盘活资产	承包地流转	承包权流转至经营大户	年流转费1200元/亩
	农地出租或入股	土地分租给市民，或由开发商转 租，市民"买房得菜园"	年租金2000元/亩
	宅基地出租或入股	租给企业经营养老或农家乐	200m²农宅年租金2000元
	节余建设用地平移	在园区安排村集体所属工业厂房	月租金0.8元/m²
		在镇区安排村集体所属租赁房	月租金11元/m²
		在镇区安排村集体所属商铺	月租金25元/m²

图9　农民增收路线图

率，方便生产和生活（图12）。

　　农田排灌规划：根据用地布局的调整，规划将现状5个排灌区。对南十家泵站进行设备更新，并完善排灌渠等配套设施。主要结构工程有河道整治、灌溉泵站、灌溉管道、排水明沟、交通道路、桥梁及箱涵等（图13）。

　　宅间农用地排灌系统规划：本村内居民宅旁小块自留地较多，由于自留地内未配备灌排水系统，因此造成自留地积水情况严重，不仅影响环境，对作物生长也非常不利（图14）。

　　规划将通过对自留地的改造设置地旁边沟，自留地里的积水再由地旁边沟通过道路边沟，排入河道，从而解决排水难题（图15）。

　　（4）风貌整治

　　十大空间要素：乡村景观可以提炼出不同于

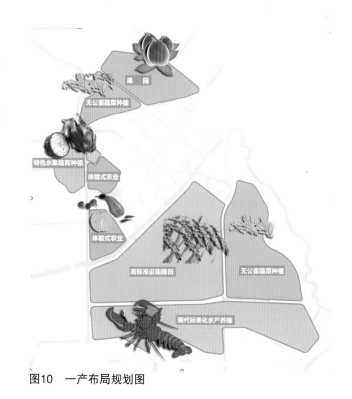

图10　一产布局规划图

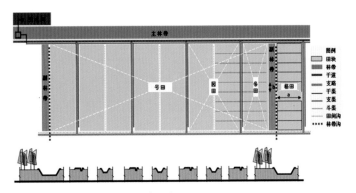

图11 高标准设施良田改造示意

图12 规划总平面图

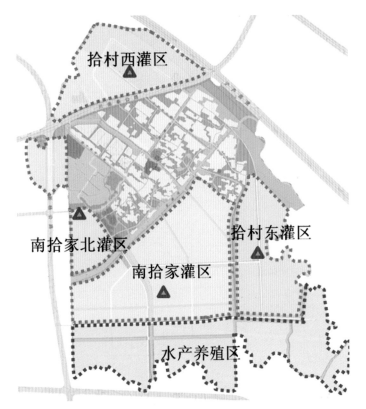

图13 排灌区与排灌站规划

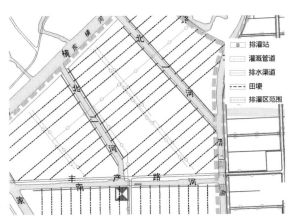

图15 农田水利详细规划

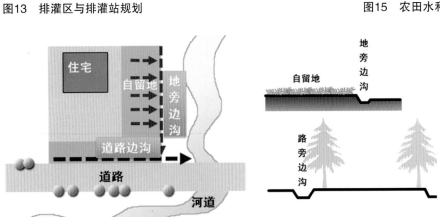

图14 宅间农地排灌系统

城市的景观要素，十个村庄要素——宅、院、街、桥、场，田、水、路、林、社，组成十大核心空间要素。规划通过对各要素的整治与梳理，演绎"拾村十美"共同塑造江南水乡的迷人风貌（图16）。

水：梳理、通联和整治现状水系，打造骨干河流宽广流长、支流蜿蜒成网的水体空间；水质净化，通过湿地沼泽等种植形态净化基地内河道（图

17～图19）。

田：通过农田整理，连接成片，实现规模化生产；农田与林地交界地区之间补植灌木，创造生物走廊；共享田园模式 形成特色农林景观带（图20）。

场：原公共空间较为单一，不利用居民之间的交流。规划中依托道路，自留地改造和旧房拆迁，生长出多级多层次的公共空间（图21）。

图16　十大空间要素

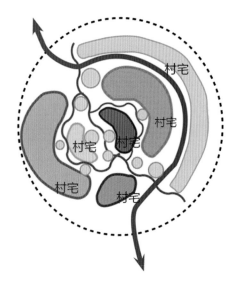

图18　水、宅空间关系

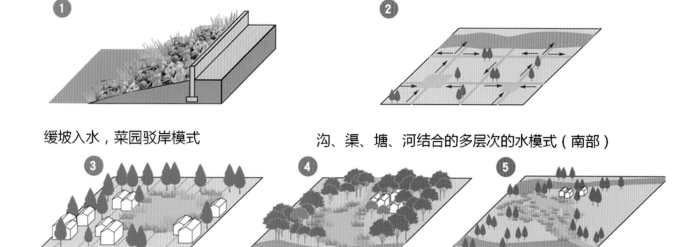

图17　滨水模式

  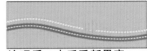

治理前：水网密布并缺乏变化　　治理后：水域景观变化丰富　　治理前：河道淤塞隔断　　治理后：水系重新贯穿

图19　处理策略

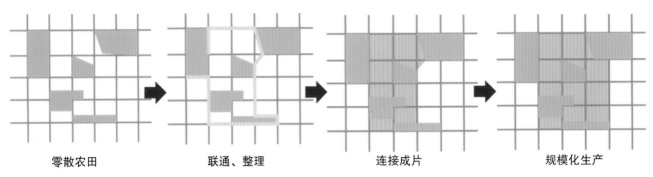

零散农田　　　　　　联通、整理　　　　　　连接成片　　　　　　规模化生产

图20　农田整理，连接成片

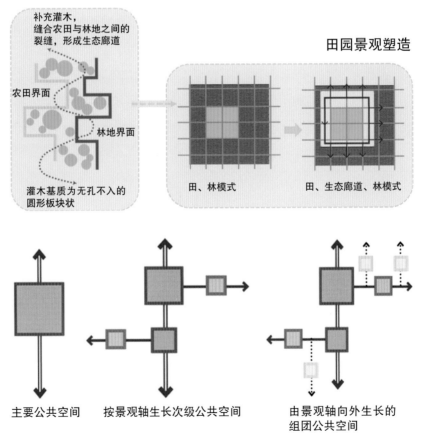

补充灌木，缝合农田与林地之间的裂缝，形成生态廊道

田园景观塑造

农田界面

林地界面

灌木基质为无孔不入的圆形板块状

田、林模式　　　　　田、生态廊道、林模式

主要公共空间　　按景观轴生长次级公共空间　　由景观轴向外生长的组团公共空间

图21　交往空间拓展示意

（5）公共服务设施整治

公共服务设施布局以需求为导向，充分结合村民意愿和偏好，本着方便、适用为原则，相对集中布置。规划乡村活动中心位于村庄中心位置，结合原原南十家村村委会和原小学位置进行改扩建。

结合规划村内公共服务设施设置居家养老服务中心，面向本村独居老人。由村委会负责、村集体经济组织负责运营。结合规划村内公共服务设施设置居家养老服务中心，面向本村独居老人。

3 主要特点

3.1 合理安排项目与建设周期

参考村民意愿的紧迫程度，以及项目的实施难度，合理安排实施周期。

近期——公共服务、环境卫生等方面周期短，见效快，安排近期实施；道路市政工程量较大，产业经济培育期较长，可先期启动部分项目。

中期——道路市政各项在中期基本完成；逐步推进建筑与风貌整治和居民点用地整理；产业经济继续拓展深化。

远期——形成住宅的集约化布局；完成村容风貌整治；实现农业高效运营；三产服务业形成良性循环。

3.2 落实资金来源与管理保障

打破条块分割，统筹整合资源，市区联手创建"部门联动、政策集成、资金聚焦、资源整合"的运作机制（表1），建立联席会议制度，上下联动、条块协作。

由区政府进行指导，以镇政府为建设责任主体，以村委会为长效管理的实施主体，充分尊重村民意愿，沿着有序计划、逐步推进的工作路线推进村庄的建设实施。积极筹措财政和专项补助资金，吸引社会力量参与，建立规范化项目管理机制，加强信息和程序公开。

表1　项目资金与管理

项目类别	主管单位	资金来源与比例	专项资金或发文号	专项资金数额	备注
村民自建住宅和新建住宅组团	四团镇政府	市财政、区财政	上海市村庄改造修缮专项资金	1586万	每户两万元
道路	奉贤区政府	市财政补贴45%，区财政55%	沪府办（2012）115号		村主路给予145元/m²补助，村次路给予135元/m²补助
桥梁	奉贤区建交委	市财政补贴65%，区财政35%	十二五期间上海市级村庄桥梁建设专项补贴，沪府办（2012）14号	奉贤区分得市级专项资金7900万元	市级补贴每座桥梁30元以内
农田水利	奉贤区农委、水利局	市财政补贴70%，区财政30%	沪农委（2012）5号		
			沪农委（2012）5号，沪水务（2010）432号		
公共服务设施	四团镇政府	市（含中央补助）、区财政、镇财政、农民和社会筹资	沪农委（2011）16号		
河道治理、环卫设施	奉贤区水务局	市财政（含中央补助）、区财政、镇财政、农民和社会筹资	沪农委（2012）45号		

江苏省无锡市宜兴市湖㳇镇张阳村村庄规划

编制单位：江苏省住房与城乡建设厅城市规划技术咨询中心
编制人员：梅耀林　汪晓春　段　威　许珊珊　王　婧　缪婷婷　丁　蕾　李　博　陈智乾　冒旭海　李正仑
　　　　　曲秀丽　朱乾辉　邵　昱

1　基本情况

张阳村属于宜兴市阳羡风景区，是阳羡风景区的北大门，也是市区至阳羡风景区的必经之地，具有独特的门户地位和优势。全市首条旅游观光道张灵慕线贯穿全村，串联起村内的国家4A级风景区"张公洞"和宜兴市十景之首"玉女山庄"，向南经阳羡湖至省庄竹海景区，区位优势突出。近年来村庄经济社会发展良好，先后获得了"国家级生态市创建先进村"、"江苏最美乡村"等荣誉称号（图1）。

2　方案介绍

2.1　经济发展策略

村庄定位：规划通过村庄资源和区域需求共同分析得出村庄定位为："环太湖地区道教养生福地"。

发展目标：规划以促使人居环境系统螺旋上升为总体目标，确定人居环境各项要素的发展目标。整合资源，提升层次，加强对农民收入的带动作用。

发展策略：依据村庄产业发展基础、上位规划要求和区域协调情况，重点发展能够促进旅游业发展和提高农民收入的第一产业类型。规划一产重点发展三个类型：特色苗木产业、精品茶叶产业、有机果蔬产业（图2）。

对二产发展总体上采取限制发展、逐步削减的策略。一方面减少工业发展对景观和生态的影响，另一方面，加强三次产业间关联度。

以延长游客停留时间作为旅游发展的核心目标，通过旅游活动策划，使游客停留和住宿，从而全面带动相关产业发展，提高农民收入水平。围绕道教养生的村庄定位，规划形成"道教洞天福地·生态养生张

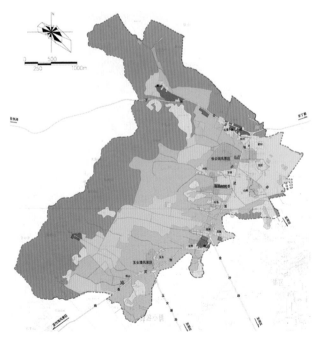

图1　村域用地现状图

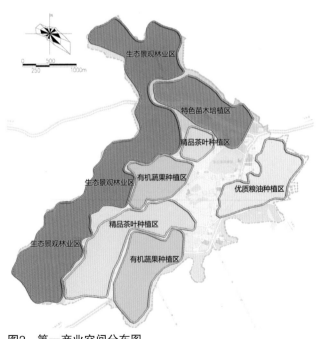

图2　第一产业空间分布图

阳"的旅游发展品牌。旅游空间布局形成"一环、三片、十八景"的总体结构（图3）。

2.2 空间管理

（1）生态管控要素及要求

基本农田管控：严格按照《基本农田保护条例》落实基本农田保护要求，确保基本农田规模不减少，严格控制在本区域内进行各项非农建设，禁止一切可能导致农业污染、土地环境破坏的经营活动。

生态环境资源管控：禁止建设区包括基本农田、上位规划中明确规定的禁止建设区域和村域生态适宜性GIS分析中划出的地形地貌不宜建设的地理敏感区。对禁止建设区中的生态林地，除旅游道路、基础设施、旅游辅助设施外禁止任何开发建设活动，保护原始自然生态（图4）。

引导建设区主要包括村域生态适宜性GIS分析中划出的适宜建设区域。对引导建设区内的风景林地可进行少量旅游接待设施、度假设施建设，为对外开放的旅游风景区；生态防护林地可布置适量生产林、花卉苗圃等。

区域公用设施走廊管控：依托村庄的过境主要道路——丁张公路和张灵慕线，分别建设三级生态廊道，两侧各保留30m控制绿化带，限制开发建设。

（2）生态用地规模及布局

风景名胜区：规划面积29.24hm^2。为张公洞风景区和玉女潭风景区，维持现状位置和规模不变。

基本农田：规划面积约151.35hm^2。严格保护现有基本农田位置和规模不变。

茶园、果园、林地、苗圃地：规划面积1208.70hm^2。调整村域北部丁张公路两侧的林地和果园，变更为苗圃用地，扩大原有苗圃用地范围。对现状废弃采矿区等其他非建设用地进行生态修复，适当改造为茶园、果园、林地或苗圃地。

水域：规划面积82.13hm^2。保护村庄的现有水域，规划水域的规模和位置与现状保持不变（图5）。

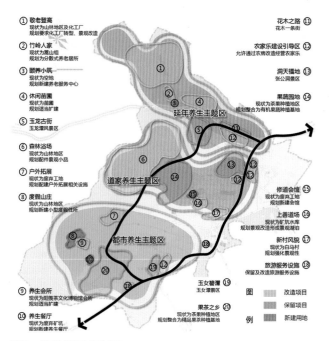

图3 旅游项目规划图

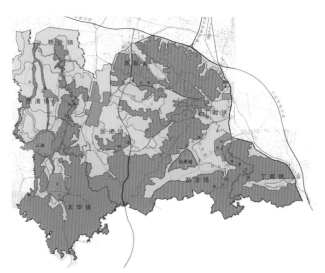

图4 村镇生态资源分布图

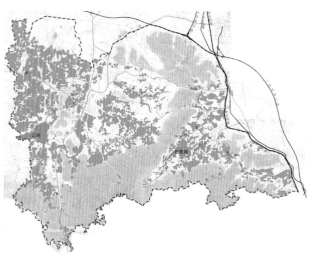

图5 生态用地分布图

2.3 道路交通规划

2.3.1 村域对外交通规划

村域范围内主要对外交通为张灵慕线、丁张公路、金沙路及玉女潭路。按照上位规划的相关要求，对道路宽度和等级进行提升。

2.3.2 村庄道路系统规划

村庄道路分为四级，即主要道路、次要道路、支路以及旅游步道（图6）。

2.3.3 村庄道路整治

拓宽道路：利用现有道路线形，将道路红线拓宽至5~9m，拓宽路段总长度约6000m。

新建道路：新建张玉路中段（茶博路至新山路），红线宽度9m，水泥混凝土铺装；新建红星路，红线宽度5m，水泥混凝土铺装。新建旅游步道，局部利用现状道路进行改造，宽度2m，路面铺装以碎石、卵石为主。

修复道路：修复局部破损路面，采用水泥混凝土铺装，修复路段长度2000m。

2.3.4 停车场地规划

社会停车场共设置6处集中停车场，主要沿丁张公路和张灵慕线设置，位于嵩山、小路、张公洞、白马、阳泉和玉女潭。停车场占地规模500~2000m²，植草砖铺设，周边设置防护设置，与外界适当隔离。

2.3.5 绿道系统规划

规划形成两条绿道主线、多条绿道次线。

改造型绿道：在现状道路一侧绿化带中划分出自行车道，与机动车之间通过绿化进行隔离。

利用型绿道：依据现状道路的非机道直接利用作为绿道。旅游步道利用现状交通功能较弱的乡村道路进行改造。

新建型绿道：利用规划道路的非机道作为专用自行车道或者新建一条独立的自行车道，且与城乡道路具有一定的空间距离。

2.4 基础设施规划

供水水源：张阳村的给水由宜兴市丁山水厂供水接入，丁山水厂终期规模为8.0万km²/d，水源为油车水库。

污水处理：保留现状4处小型集中污水处理设施，新建4处集中污水处理设施。

雨水排放：完善现状雨水排放系统。采取雨水地面径流、边沟排水加截洪沟方式。

供电：供电电源为110kV任墅变。村域110kV高压走廊控制宽度25m，35kV高压走廊控制宽度15m。

通信：结合村委会及张公洞景区各设置1处邮政电信服务网点，占地均为80km²。

燃气：气源引自宜兴城区燃气管网。村内7个居住组团分别设置1座中低压调压站，燃气主干管径为DN80~DN250mm，次干管径为DN50~DN65mm，入户管径为DN20~DN32mm（图7）。

环卫：设置垃圾收集站共3处分别布置在玉女组、白马新山组、红星小路组。收集后统一送宜兴市垃圾综合处理场处理（图8）。

2.5 防灾减灾规划

消防：消防给水与生产生活用水共用管网，由DN100mm及以上给水干管提供消防给水。消防给水采用低压制，消火栓最小供给压力不小于

图例

▬ 过境公路
▬ 村庄主要道路
▬ 村庄次要道路
▬ 村庄其他道路
▬ 旅游步道
Ⓟ 社会停车场

图6 道路系统规划图

116

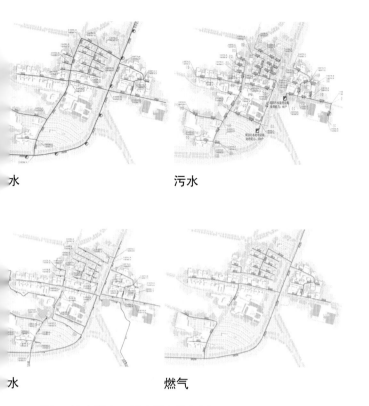

水　　　　　　　　污水

水　　　　　　　　燃气

图7　给水排水，活水燃气等规划

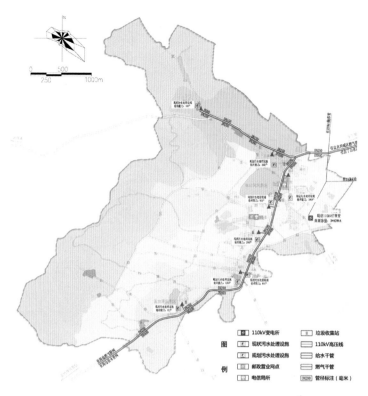

图8　市政设施规划图

0.1MPa。依托宜兴城市消防站进行灭火救援，村内不单独设置消防站和消防车。规划张阳村委会内设手抬泵或推车消防泵1台，以备消防车不能及时到达情况下的应急自救。

抗震：新建及改建建筑按宜兴抗震设防烈度六度设防。

山洪防治：由于张阳村西侧临山，地处山坳之中，地势较低，暴雨来临时存在山洪爆发的安全隐患。突出山洪防治工程建设。规划结合现状地形，充分利用现有截洪沟等泄洪通道，暴雨来临时，将洪水及时排泄到村外，并最终排泄到村外河道。

2.6　公共服务设施规划

根据现状使用问题，在保留现状公共服务设施的基础上整治和新增部分公共服务设施。根据公共服务设施的服务半径，建设空间整合后居住组团人口、规模、结构，旅游产业发展要求和现状场地等情况，对公共服务配套进行完善，以满足村民生活需求（图9~图12、表1）。

2.7　村庄环境整治

依照"清—理—优"的思路进行村庄环境整治（表2）。

清：清除环境中存在的乱搭乱建、乱堆乱放情

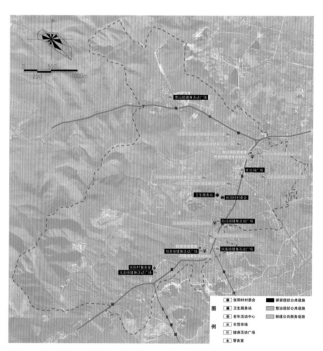

图9　公共服务设施规划图

表1 公共服务设施配置表

	名称	规模	整治方式	整治内容
规划公共服务设施	村委会（包括图书室、活动室）	1500m²	保持现状	
	卫生服务站	200m²	保持现状	
老年活动中心	前村组老年活动中心	100m²	改造	扩充50m²，增加音像设备、座椅
	阳泉组老年活动中心	100m²	改造	扩充70m²，增加音像设备、座椅
	白马组老年活动中心	100m²	新建	建设老年活动中心100m²，增加棋牌、座椅、音像设备
健身活动广场	蒿山组健身活动广场	150m²	保持现状	
	张公洞广场	200m²	保持现状	
	白马组健身活动广场	800m²	保持现状	
	阳泉组健身活动广场	200m²	保持现状	
	凤凰组健身活动广场	200m²	保持现状	
	玉女组健身活动广场	240m²	保持现状	
	红星小路组健身活动广场	2处（各300m²）	新建	小型绿化50m²，场地铺装250m²，石桌石凳两套，建设器材一套
	前村宫前山南组健身活动广场	2处（各300m²）	新建	小型绿化50m²，场地铺装250m²，石桌石凳两套，建设器材一套
	阳泉规划安置区健身活动广场	1处（各300m²）	新建	小型绿化50m²，场地铺装250m²，石桌石凳两套，建设器材一套、休憩廊架一个
	甘泉向阳组健身活动广场	1处（各300m²）	新建	建筑整治，增加树池兼作休息座椅
农贸市场	张公洞农贸市场	100m²	改造	增加简易遮阳棚
	阳泉组农贸市场	100m²	改造	
警卫室		350m²	保持现状	

表2 环境整治流程

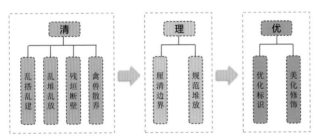

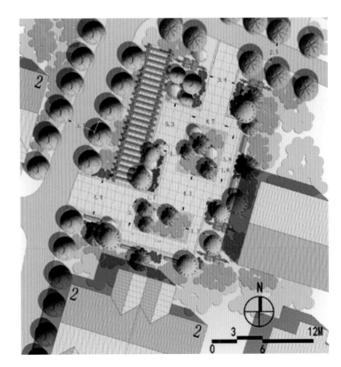

图10 红星小路健身活动广场平面图和效果图

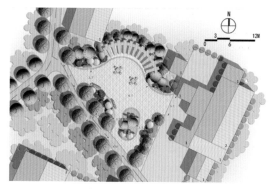

图11 向阳健身活动广场平面图和效果图

拆除残墙断壁

拆除彩钢板搭建

清理乱堆乱放

图12 清

采用"模式设计+分类引导"的方式

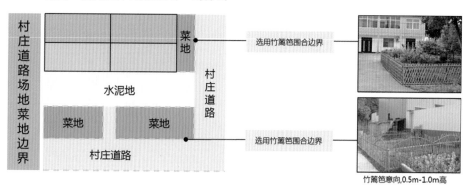

村庄内部边界整治

图13 理：整理边界

况，拆除残墙断壁、彩钢板搭建，拆除后场地平整，用作菜地（图12）。

理：整理边界——沿丁张公路和张灵慕线道路两侧选用0.3～0.5m高木桩围合边界；张灵慕线两侧绿化带外是苗木种植区的，采用半镂空式2m高木质+砖砌石材贴面的围墙围合边界，其他区段保持现状；村庄内部绿化和道路、水泥地之间选用竹篱

笆围合边界（图13）。

规范堆放：沿村域对外交通及村庄内部主要道路两侧禁止堆放，村庄内划定集中堆放区域，引导村民集中堆放，也可要求在屋后整齐堆放。

优化标识：统一设计乡村旅游景区介绍标识、景区指示标志、景点介绍标识和农家乐指示标识，合理布局标识位置。

图14　绿化遮挡

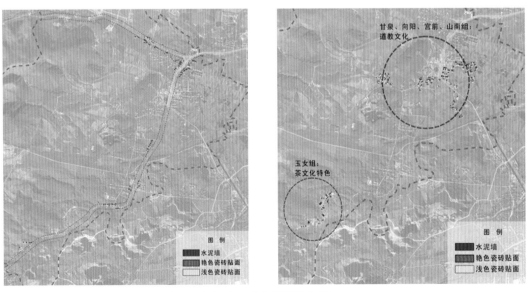

图15　沿重要道路（左）主要景点（右）周边区域建筑整治分类图

绿化遮挡：辅房建筑不能拆除的利用灌木、绿化遮挡；围墙篱笆上增加爬藤植物，美化景观（图14）。

3 主要特点

村庄地处长江以南，位于宜兴南部山区，规划对建筑进行整治引导，与周边自然生态的农田林地整体呈现"白墙灰瓦掩映翠绿中"的江南传统村落形象（图15）。

重点区域引导主要包括丁张公路、张灵慕线沿线及景区周边地区。

3.1 居住建筑整治措施

墙体——浅色瓷砖风貌清洗，艳色瓷砖风貌涂抹水泥砂浆后装饰性粉刷出新，水泥墙风貌统一装饰性粉刷出新；

窗户——增加金属制栅格花窗美化；

屋顶——喷涂黑灰色涂料；

装饰——张公洞景点周边的向阳甘泉组、前村宫前山南组以道教文化为主题，山墙增加道教文化符号；玉女潭景点周边的玉女组以茶文化为主题，山墙增加茶文化符号。

3.2 旅游农家乐建筑整治措施

墙体——瓷砖风貌和水泥墙统一粉刷出新；

门窗——替换木质门，增加木质贴面栅格花窗；

屋顶——喷涂黑灰色涂料；

装饰——增加灯笼和木质棚，墙面增加木质贴面；统一设计农家乐招牌形式，位于主要道路沿线（图16）。

（1）一般区域引导

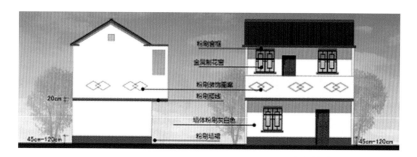

水泥墙类民居风貌引导

山墙文化符号示意图

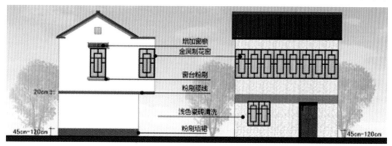

浅色瓷砖贴面类民居风貌引导

山墙文化符号示意图

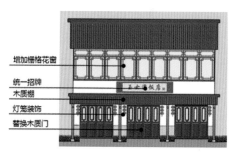

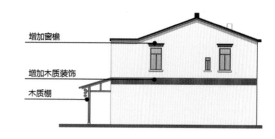

图16 农家乐建筑风貌引导

统一采用清洗和粉刷方式出新，瓷砖风貌清洗，水泥墙风貌统——般性粉刷出新，窗户屋顶维持现状。

（2）彩钢板搭建建筑引导

拆除现状采用彩钢板搭建的雨棚、院门、辅房建筑等，改用砖、木等材料修建，砖墙砌筑后粉刷白色涂料。

4 创新性

4.1 参与主体的开放性

为避免参与主体的片面性，本次规划从调研阶段起就强调多元主体全覆盖的理念。挨家入户现场发放、填写、回收调查问卷，同时进行地毯式村民访谈，以保证收集到全体村民的真实想法。

创新成立村民规划委员会，考虑到选取不同类型的村民代表、干部代表、企业代表等组成委员会成员，以保证其意见具有广泛的代表性。村民规划委员会全程参与村庄规划的工作，并进行实时管理。

4.2 规划过程的开放性

调研阶段，通过问卷调查、村民访谈、领导座谈等收集公众意见；编制过程中，将村庄规划委员会纳入规划编制队伍，全程动态跟进规划，同时针对核心内容征集全体村民的确认意见，并定期组织规划审议；审批论证阶段，延续并加强规划内容的宣传公示工作，积极邀请全体村民参与其中，及时提出反馈意见并予以修正；规划实施管理阶段，还将进一步全方位推进公众参与，从而全面增加规划的公信力和执行力。

4.3 规划内容的开放性

建立开放式的村庄规划菜单，将村庄规划涉及的相关内容全面纳入村庄规划总菜单，以备在公众参与中讨论和应用，同时达到普及规划常识、开放规划决策的作用。

开放村庄规划的内容，有利于引导规划趋于合理和完善。在此过程中，面向村庄和村民的需求，根据村庄发展阶段，通过讨论确定选择总菜单中的相关条目为规划重点，突出本次村庄规划的针对性和适用性，从而可以对不同规划条目给予强度和深度上的不同导向，有层次、分阶段地为规划工作提供深入指导。

江苏省苏州市木渎镇天池村堰头自然村村庄规划

编制单位：江苏省住房和城乡厅城市规划技术咨询中心
编制人员：梅耀林　陈　超　徐　宁　李燕飞　武君臣　钟　超　陈智乾　钱　军　宋　芸

1　基本情况

天池村隶属于苏州市吴中区木渎镇，位于太湖之滨、苏州城西郊，紧靠苏州高新技术开发区，毗邻苏州科技城。规划堰头自然村位于天池村北部，有藏北路穿越。

天池村位于江苏省苏州市吴中区木渎镇，村域面积1084.8hm²，本次规划堰头自然村包括堰头、官桥、西曹家泾、东曹家泾四个居民点，面积60.7hm²。

堰头自然村共由10个村民小组组成，共计户数

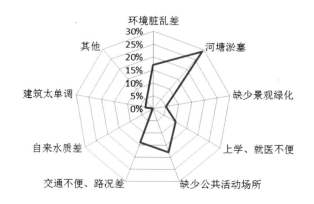

图1　责任田面积分布

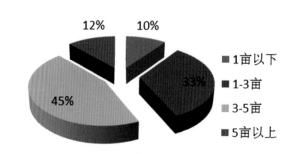

图2　村民对乡村人居环境改善的意愿分布

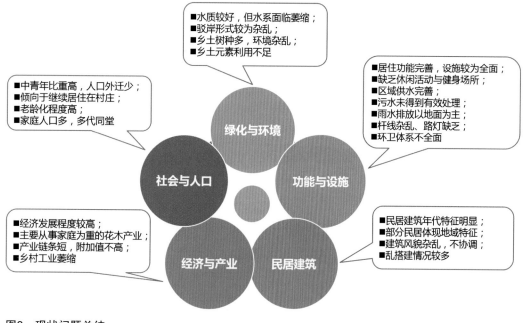

图3　现状问题总结

123

274户，人口1105人（图1～图3）。

2 方案介绍

2.1 村庄调查与分析

（1）采用多种调查方法

调查问卷：《村民调查问卷》共分五个部分，即个人及家庭情况、住房情况、设施及人居环境情况、生活愿景、生产愿景。调查对象为堰头、官桥、西曹家泾和东曹家泾四个自然村，本次调查由调查人员指导村民当场填写完成。

村民访谈：开展情况—座谈村民164户，占总户数的59.8%；访谈形式—入户访谈；访谈内容—个人及家庭情况、住房情况、设施及人居环境情况、生活的愿景、生产的愿景。

召开座谈会：开展情况—座谈村民代表及村干部；访谈形式—集体座谈；访谈内容—村庄产业、村民就业、村庄环境、居住需求、生活意愿等。

现场踏勘：对村庄建筑、宅基地、道路、绿化、设施等进行现场踏勘，逐个进行编号和照片记录。

（2）多方面的资料搜集

村庄现状人口、户数及近年人口的变化情况；村庄产业发展情况；村庄水文、自然环境情况；村庄现状用地使用情况；村庄公共服务设施及使用情况。

《苏州市总体规划（2007—2020）》；《木渎镇总体规划（2009—2030）》；《太湖风景名胜区总体规划（2009—2030）》；《苏州市吴中区木渎镇天池村空间及旅游发展规划》；《苏州市木渎镇藏北村村庄建设整治规划》。

2.2 规划思路

（1）针对快速城镇化地区村庄，加强统筹

面临城乡统筹的主要任务，需要加强对人的规划引导，促进农民增收的产业引导，促进乡村服务功能的提升，优化空间资源管理与利用。

（2）针对发达地区村庄，加强环境提升

天池村已经完成了村庄环境治理，进入持续改进人居环境，建设美丽乡村的发展阶段。

（3）针对水网地区网状型村庄，强化要素组织

构建以健康水系为先导的生态网络。围绕水系空间，组织公共服务、活动场地、滨水空间要素等。

2.3 规划方法

针对规划需要解决的重点内容，采取划分层次与拓展内容的方法，从而构建村庄规划的内容体系。内容体系分为三个层次，分别是引导、控制和行动。三个层次体现了规划远期与近期的结合、需

表1 规划内容

本试点村的规划内容

引导（4个方面）	控制（4个内容）	行动（8个举措）
功能定位与职能	农房建设管理	近期达到苏州美丽乡村建设要求
村庄人口控制引导	设施配套控制	通路
内生型产业发展路径	乡村景观控制	清杂
土地用途与空间管制	适用技术控制	整饬
		建场
		理水
		增绿
		整饬
		配设

① 公交首末站 ⑧ 园艺超市
② 卫生服务站 ⑨ 生态餐厅
③ 农贸市场 ⑩ 绿色超市
④ 明珠禅寺 ⑪ 采摘大棚
⑤ 老年活动中心 ⑫ 花田
⑥ 商店 ⑬ 停车场
⑦ 亲子农耕 ⑭ 小游园

图4　总平面图

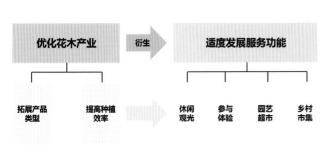

花园餐厅　　　　　　二维码超市

表2　村域土地管控

类别	建设管理要求
基本农田	严格按照《基本农田保护条例》落实基本农田保护要求，严格控制在本区域内进行各项非农建设，禁止一切可能导致农业污染、土地环境破坏的经营活动
园地	可进行少量旅游接待设施、度假设施建设，保护原始自然生态
农村居民点	提高农村居民点用地效率和集约化程度，改善农民生产、生活条件和农村生态环境的活动
预留区	统一管理、统筹使用，为村庄建设发展提供土地要素保障。可纳入农村集体经营性建设用地，实行与国有土地同等入市、同价同权，可实行出让、租赁、入股等经营方式

主要路径	运营机构和从事活动	发展模式	预计收益
集中规模化经营	天欣苗木专业合作社	将土地置换为社会和医疗保险	750/月
新增就业	农家乐	提供住宿、餐饮、娱乐服务	5000/年
	一产配套	苗圃员、嫁接工、化肥销售	3000/月
	公共服务事业	公共管理、环境维护、市政维修	3000/月
资产管理和保障	天欣苗木专业合作社	每户自愿入股，2万/股，每个人股不多于3股，每年保证8%的收益，5年后，根据市场运作进行分红	1600—2400/年
	劳务专业合作社	针对于50岁以上的老年人，进入绿化公司从事苗木产业养护管理工作	3000—5000/月
	房屋个体出租	由于靠近苏州高新区，将多余的房间租赁给外来打工人员	1500—2600/月

图5　村民增收路径图

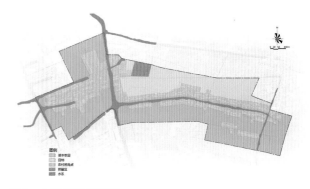

图6　土地用途管制图

要与可能的结合（表1、图4）。

2.4 引导——统筹城乡发展

（1）功能定位与职能

村庄定位花木盛地，宜居农庄。质朴的、乡村味的、普通的、普适性的江南水乡村庄。天池村村级公共服务中心。

（2）内生产业发展路径

优化花木产业：拓展产品类型。拓展苗木种植种类；适当新增花卉和蔬菜种类。提高种植效率，规模化种植苗木，建设集高效、绿色、生态、观光于一体的现代农业长廊。

适度发展服务功能：发展休闲观光活动。包括增加观赏树种，局部打造花田等特色观赏区域，规划自行车与休闲步道。

增加参与体验活动：第一，发展农事体验活动，包括亲子农耕、绿色蔬菜种植采摘和花圃种植等。第二，发展农家休闲活动，包括生态花园餐厅、农家菜园。

建立二维码园林超市：第一，完善各项配套，提供苗木交易一站式服务。第二，在苗木上贴二维码，方便自助购物。

打造具有活力的乡村市集：优化业态，更好地服务生活。改造建筑，容纳更多的服务功能。改造场地，形成更多的活动空间。增加文化氛围，形成有历史记忆的场所。

农民增收路径：主要通过集中规模化经营、新增就业岗位、资产管理和保障三种途径促进农民增收（图5）。

（3）土地控制与管制

土地用途管制：按照上位规划要求，严格控制村庄基本农田、建设空间边界线（表2、图6）。

建设空间控制：延续村庄现有格局，整体不做改动。打造全村公共服务核心（表3、图7）。

建设规划管理：适应今后的乡村建设规划许可制度（表4），为具体提供实施依据。分为可纳入建设规划许可区域、有条件纳入建设规划许可区域

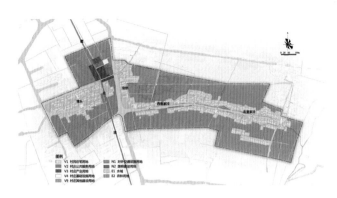

图7 建设空间控制图

表3 村庄土地利用规划图

用地代码	用地名称		用地面积（hm²）	
			规划	百分比（%）
V	村庄建设用地		27.28	44.9
	其中	村民住宅用地	17.61	29.0
		村庄公共服务用地	0.49	0.8
		村庄产业用地	0.80	1.3
		村庄基础设施用地	7.22	11.9
		村庄其他建设用地	1.16	1.9
N	非村庄建设用地		0.55	0.9
	其中	对外交通设施用地	0.39	0.6
		国有建设用地	0.16	0.3
E	非建设用地		32.95	54.2
	其中	水域	0.36	0.6
		农林用地	32.59	53.6
总计			60.78	100

表4 建设规划许可管理表

名称	内涵
可纳入建设规划许可区域	乡村公共设施、公益事业建设区域以及农村集体经营性建设用地
有条件纳入建设规划许可区域	一般村民住宅区域，仅允许原址翻建的情况，可申请许可
不建议纳入建设规划许可区域	逐步引导，退出作为居民点的区域，不建议纳入许可

和不建议纳入建设规划许可区域（图8）。

基础设施和公共服务设施空间控制：严格控制基础设施和公共服务设施用地界线（图9）。

2.5 控制——规范建设行为

风貌整治：根据现状民居风貌，优先保证居住安全，整修房屋满足居住要求；延续地域民居不同时代的风貌特征，形成"多样并存"的格局。

翻建农宅管理：依据政策与居民需求，规划提出：应允许居民原址翻建住宅，但不允许异地新建住宅（表5）。

管理内容框架：与《乡村建设规划许可实施意见》的要求相适应，规划分为土地管理和建筑管理两部分，分别提出相应的控制要求和引导要求，内容框架适用于民居和公共设施（图10）。

2.6 行动——近期实施举措

从建设需求着手，结合村民需求、苏州美丽乡村村庄建设考评指标体系以及配套资金，确定村庄具体建设内容，进而拟定具体建设措施和项目（图11）。

3 主要特点

3.1 规划思路——突出需求型规划特征，剖析规划重点难点

规划着手从三个方面进行考察：从村庄所处的区位与发展阶段判断村庄的主要特征，现场踏勘与调研发现村庄存在的问题，多方访谈与座谈认知不同人群的需求。总结村庄的主要特征：快速城镇化发达地区的苏南水乡网状型一般村庄，具有村民乐于居住、希望有所发展的网状型村庄。这些特征反映出的需求通过村民、村干部和规划引导三方面显示出来。

3.2 规划方法——突出层次型规划特征，建构规划内容体系

针对规划需要解决的重点内容，采取划分层次与拓展内容的方法，从而构建村庄规划的内容体

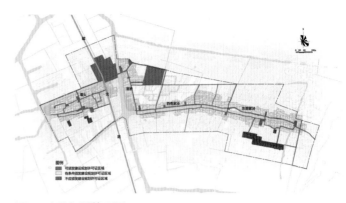

图8 建设规划管理图

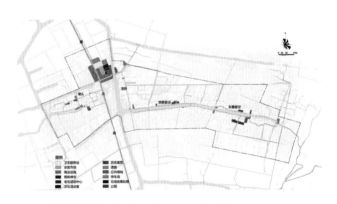

图9 基础设施和公共服务设施空间控制图

表5 农房建设管理要求

类别	土地管理	建筑管理	备注
控制要求	位置与界线、面积、退距、相邻关系	面积、层数、退距	规定性要求
引导要求	形状、高程	建筑组合、院落空间、建筑风貌、材料与色彩	根据情况选择

系。内容体系分为三个层次，分别是引导、控制和行动。引导的内容面向长期引导，控制的内容面向日常管理，行动的内容面向近期实施，三个层次体现了规划远期与近期的结合、需要与可能的结合（图12）。

3.3 设计表达——突出行动型规划特征，细化环境提升方法

规划采取"行动式"环境持续提升规划方法，在思路上建构"谋划目标——规划举措——行动计划"

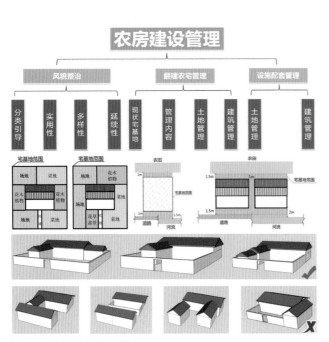

图10　建筑组合引导图

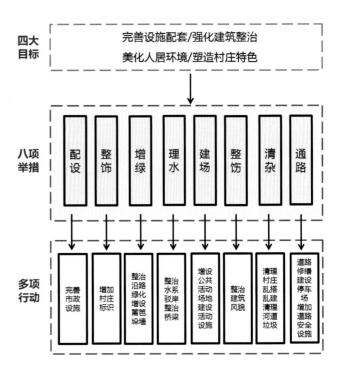

图11　美丽乡村建设体系图

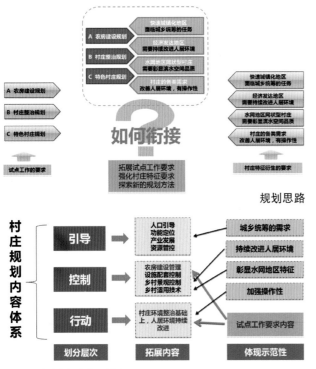

图12　规划方法体系图

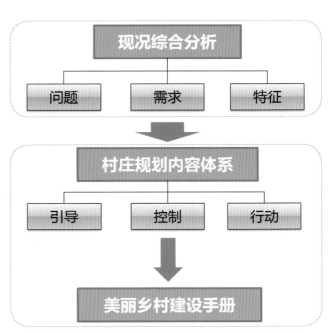

图13　实用型村庄规划范式

的路径，在方法上采取从传统的模式改造到构件改造方式，挖掘并体现乡土特色上采用本地材料、乡土植物和乡土元素，表达层面上通过场景式表达反映实施意图，项目列表化分解行动内容。

3.4 规划组织——突出共识型规划特征，重视群体过程参与

重视村民、村干部等不同群体的全过程参与。在规划编制初期，采取多种方式了解村民对具体问题的意见；编制过程中，针对停车空间布局、环卫设施布局等问题，由规划提出比选方案供村民自主选择。规划编制后，采取公示、给村民代表大会授课的方式解析相关规划内容，形成广泛共识。

3.5 规划成果——突出长效型规划特征，坚持自治长效管理

将规划内容中的控制与行动的要点编制成册，形成"好编、好懂、好用"的《美丽乡村建设手册》（图13）。手册的内容主要包括建设实施要点和日常行为准则，既能清楚的表达建设要求，又能明白的呈现日常行为规范。采取村民代表大会集中讲解并分发入户的方式，达到村民共同遵守的目的，突出规划的长效管理与自治特征。

4 创新性

4.1 探索规划方法，摸索村庄规划的范式

村庄本身面多量广，发展阶段与条件也差异很大，面对实践中的纷繁要求，村庄规划如何在方法层面应对？规划探索了一套实用型村庄规划的流程。首先进行现状信息的收集，严判规划对象面临的问题、需求及主要特征；其次针对规划对象的特性，对规划的命题与任务进行剖析，构建村庄规划的内容体系，包括"引导、控制、行动"三个部分，不同的村庄可表现出内容与深度的极大弹性；第三，为保证规划成果长效的活力，将"控制"的

内容进行转化，形成"美丽乡村建设手册"，成为村民日常建设和遵守的行为准则。

4.2 规范建设实施，提出"行动式"环境提升方法

村庄建设实施具有很强的计划性与目的性，需要考虑建设需求、资金投入、建设工期、实施时序、技术要点等，还要争取村民的参与与支持，规划提出一套"行动式"环境提升方法，包括"目标——举措——行动——参与"的总体思路、场景化与项目化的表达方式、列表化的项目清单等，做到直白的表达建设要点。该规划试点中设计8项举措，42个具体实施工程。

4.3 注重营建品质，提出村庄环境建设的适用技术体系

乡村规划与建设可以落实到具体的实践，适用技术是其中的一个途径。规划在总结苏南水乡地区特点的基础上，提出低冲击的开发方式，回收利用当地的金山石、青砖瓦，在水网结合建设雨水花园、植草沟、浅凹绿地、人工湿地、水体修复等方式，达到保持水体、净化水质、水体循环、环境保育、生境自然、雨水利用的目的，为水网地区的生态环境与景观建设提供了可借鉴、可落地的技术体系。

4.4 落实长效管理，将规划成果转化为《美丽乡村建设手册》

村庄建设需要长期的维护与投入，这需要村民的广泛投入，让村民具有建设村庄的观念与方法是根本途径。规划采用口语化表达、形象化示意、简便化携带的形式，编制《美丽乡村建设手册》，向村民讲述如何建设与维护美丽乡村，建立村庄维护责任人，规划人员提供技术支持，进行现场指导、示范与讲解，并建立长期咨询制度，保障长效管理。

浙江省杭州市桐庐县江南镇环溪村村庄规划

编制单位：浙江省建院建筑规划设计院
编制人员：李乐华　赵邹斌　杨　娟　王　刚　卢　毅

1　基本情况

环溪村地处浙江省杭州市桐庐县江南镇，是理学鼻祖、《爱莲说》作者周敦颐后裔的聚居地。"门对天子一秀峰，窗含双溪两清流"，是对环溪村的真实写照。三面环水一面靠山，故名"环溪"。

环溪村村域面积为578.19hm²。村庄规划范围面积为26.35hm²，耕地面积58.12hm²。现状环溪村包括环溪与屏源两个居民点，分别为环溪自然村和屏源自然村（图1）。

2　方案介绍

2.1　问题分析及解决策略

（1）村庄内部发展不均衡解决策略：前几轮规划都未将屏源居民点纳入村庄规划中考虑，本次规划将屏源居民点纳入规划范围内统一进行规划布局与考虑。

（2）产业发展解决策略：对村庄的产业空间布局进行了明确的安排，划定了乡村旅游片区、果蔬产业发展片区、莲田种植片区等产业发展片区。规划，提出了产业的发展策略，并分别提出了一产、二产、三产的发展目标和发展思路。结合乡村旅游业的发展，对"五道"进行了建设引导规划。针对产业发展，共提出了七项建设工程。

（3）村民就业与人才引进解决策略：本次规划通过一二三产的联动发展，吸引村民在家门口就业，并通过莲科研与培养基地等项目的建设吸引高层次的技术人才入驻。

（4）生态保护解决策略：规划对山体、水体、田园等提出了具体的引导与控制措施。规划在实施性文件中制定了生态保护行动，制定了山

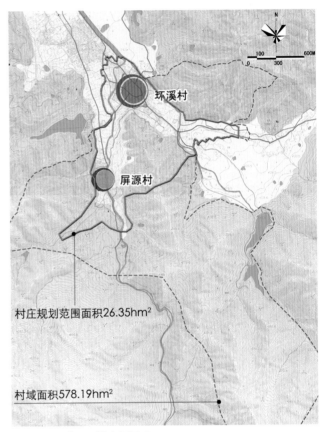

图1　规划范围+村庄居民点

体综保工程、水体综保工程各1项项目，对项目规模、建设方式、经费、资金来源和建设时序进行了安排。

（5）综合防灾解决策略：消防上，规划通过整治疏通主要道路，设置消防通道和消防设施，完成几个防火片区的划分。防洪上，青源溪和天子源溪的防洪设计标准为10年一遇，完善溪流的防洪堤岸建设，沿山体设置截洪沟。防震上，对村庄工程建设提出按6度设防标准建设，并结合组团绿地和自然农田，形成避震疏散场地。

（6）区域协调发展解决策略：规划通过对相关规

相关规划	项目	规划落实情况
《桐庐县江南镇经济社会"十二五"发展规划》	发展毛竹种植	规划中扩大毛竹种植基地，面积约为187亩，需投入约50万元。
《江南镇莲产业规划方案》	莲科研基地	用地面积约为60亩
	廉政基地	结合爱莲堂设置
	莲博物馆	建筑面积为2600m²，由现状厂房改建
《桐庐县深澳古村落旅游开发总体规划（2011-2020年）》	环溪村游客服务中心	新建
	禅静花园	水口寺
	禅音素食馆	结合水口寺设置
	爱莲文化街	规划对老街进行提升
	山水会所	涉及土地指标问题，本次规划暂不落实
	依水山居	涉及土地指标问题，本次规划暂不落实
	环溪别院	涉及土地指标问题，本次规划暂不落实
关于"深澳古村落风景区旅游开发建设"的相关文件	银杏会所游客接待中心	已落实
	特色小吃一条街	已落实
	民族音乐展示	经村委核实，暂不考虑此项目
	农居点建设	已落实
	周永烈厂房改造	已落实
	溪滩北区块设置高档民宿	已落实
	莲庭院、美丽庭院打造	改建涉及农户488户，整治庭院20处

图2 规划策略

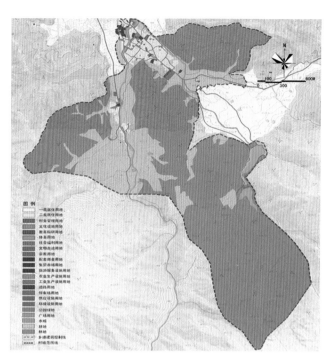

图3 村域用地规划图

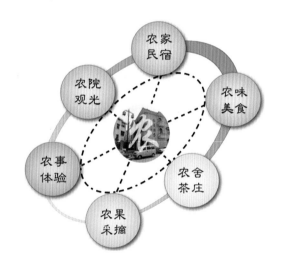

图4 农主题产业链

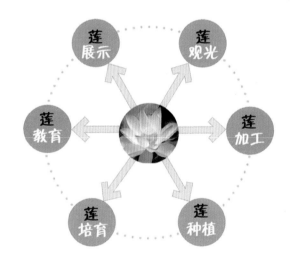

图5 莲主题产业链

划和政策的分析，逐一对项目进行安排落实（图2）。规划区别于深澳片区内的其他村庄，挖掘自身文化。

2.2 村域发展

（1）规划目标

规划目标：规划提出以景区化理念规划村庄，重点从生态保护、文化传承、产业融合、设施完善、空间优化、环境提升六个方面，为村民生产生活和乡村旅游发展创造一个内涵丰富、和谐健康的生活环境。

（2）村域功能布局规划

村域功能主要通过村庄建设控制、生态保育、莲田种植三个方面进行引导。村庄建设区主要集中在村域北部，莲田种植区主要集中在村庄周边区域（图3）。

（3）村庄用地规划

注重对历史文化保护区、农田、水体和山体、乡道沿线的控制与保护。在指标允许的情况下合理新增居住建设用地。同时补充公共、商业及生产设施用地，完善道路交通，提升公用工程设施，优化闲置用地和空置宅基地利用，增加公共休闲空间用地。

规划村庄建设用地规模为30.24hm²，人均建设用地面积119.24m²。

（4）发展策略

规划通过对爱莲文化、理学文化、农耕文化的挖掘，将文化元素应用到村庄建设和产业发展当中，形成莲、农主题产业与乡村旅游产业联动发展、一二三产相互融合的产业发展模式（图4、图5）。

根据相关规划的要求以及村委发展意愿。规划结合环溪村历史保护区、釜山公园等发展乡村旅游。并围绕乡村旅游发展片区规划莲田种植片区、毛竹产业发展片区、果蔬产业发展片区，进一步丰富乡村旅游内容，增加农民收入途径，为村庄发展提供有力保障。

同时，在村庄外围设置生态保育片区，对外围山体风貌进行有效保护与管控。最终形成村庄、产业区、保育区圈层的产业布局结构（图6）。

（5）生产性基础设施建设

一类为农业生产设施，占地面积为0.09hm²，位于屏源居民点南侧，功能为莲科研与培养基地。

另一类为工业生产设施用地，占地面积为0.21hm²，分别位于环溪居民点和屏源居民点内，均由现状厂房进行改造，功能为莲产品深加工。

2.3 公共配套规划

（1）道路交通规划

保持肌理，梳理路网，形成村干路、支路、巷道三级路网体系。解决停车问题，结合村口、服务中心、公建设施等位置，合理组织停车，减少车辆对村庄生活生产和历史文化保护区的影响（图7）。

（2）公共设施规划

通过对爱莲文化、理学文化、农耕文化的挖掘，结合相关规划及发展要求，对原有空置宅基地、历史建筑进行改造，积极完善村庄服务设施水平和旅游接待能力（图8）。

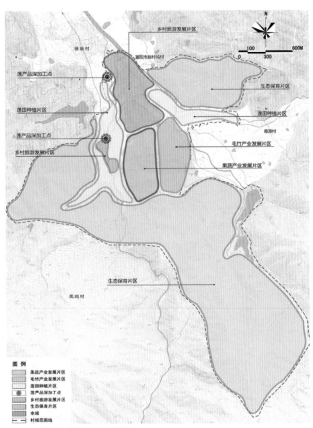

图6　产业引导与布局图

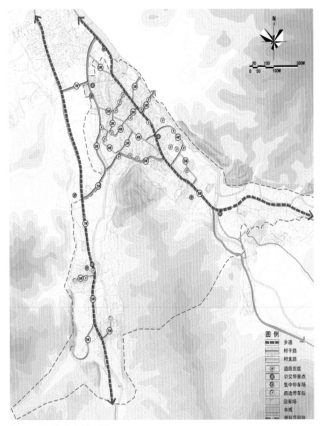

图7　道路交通规划

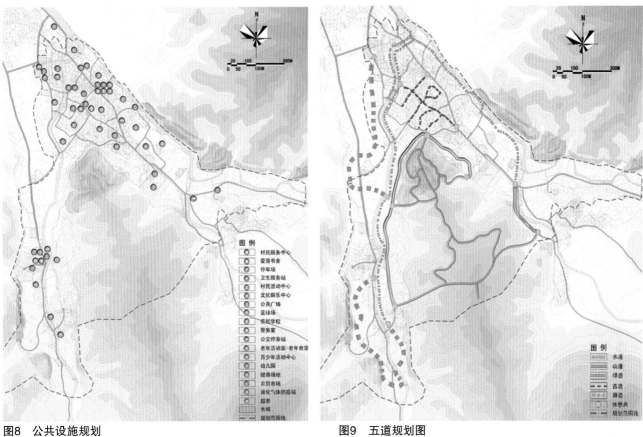

图8　公共设施规划

图9　五道规划图

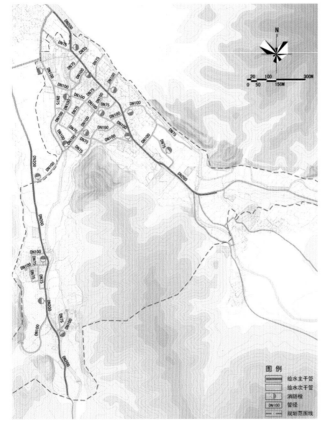

图10　给水设施规划图

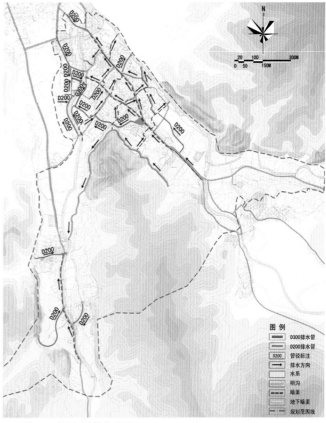

图11　雨水设施规划图

图12　污水设施规划图

图13　空置宅基地整治利用

（3）五道建设规划

结合产业、乡村旅游，规划"五道"建设，分别为绿道骑行养生、田道亲子野趣、古道探古怀旧、水道清凉休闲、山道运动怡情（图9）。

结合"五道"建设和旅游景点资源，串点成线，形成村庄精品游览线路。

（4）景观结构规划

规划形成"一核两带、两心多点"的空间景观结构。为突显农耕文化和乡土气息，规划结合老村内部空间设置24个美丽庭院，将"二十四"节气主题融入庭院节点设计。

（5）给水设施规划

环溪村现状水源由环溪水厂提供，但现状供水水压不稳。为保证供水可靠性，结合村委意愿，规划建议远期由深澳水厂供水，环溪水厂作为备用水源进行保留。并进一步完善给水管网（图10）。

（6）雨水设施规划

理和贯通原有的明沟暗渠。采用管网和沟渠相结合的排放方式。场地内雨水就近排入村内莲池等水体，通过初步净化后，再通过明沟暗渠排放至河流（图11）。

（7）污水设施规划

环溪现状已建成9座太阳能微动力污水处理池，实现了污水处理全覆盖。规划在完善新建区域污水处理的同时，结合村庄内部的建筑功能改造，进一步提升部分现状污水池的处理能力（图12）。

2.4　空置宅基地和闲置荒废用地的利用与置换

针对不同情况的空置宅基地和空置农宅，通过设置景观绿化、改造成公共服务设施和民宿等旅游服务设施；或通过农户之间流转和退宅还耕进行有效利用与置换。

通过改造成街巷空间、组团绿地、莲池、公共交流空间等方式，对村内空闲用地进行整治利用（图13）。

2.5　建筑整治与引导

在建筑整治与引导上，规划结合现状建筑质量及风貌的综合分析评价，根据建筑现有的使用功能和所处位置。将建筑划分为保护、保留、重点整治、一般整治、拆除五种，分别提出整治措施与要求（图14）。

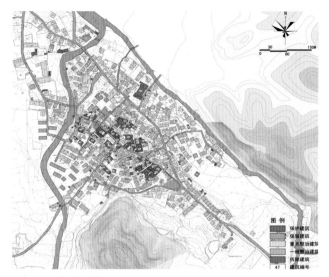

图14 建筑整治与引导图

2.6 河道整治与引导

针对天子源溪、青源溪沿线现状存在的问题，规划逐一提出了整改措施（图15）。

整修河岸线，增设生态防洪堤；整修部分建筑立面；沿河岸线增设游步道；配置色彩绿化；河道清洁，配置水生植物。

2.7 节点空间设计引导

通过对空置宅基地以及闲散用地的整理，结合组团布局设置组团绿地，并以修建性详细规划深度对节点进行设计，直接指导村庄的建设。

2.8 历史文化保护利用与规划

按保护规划要求，在划定建筑本体保护范围、制定保护措施的基础上，为更有效的传承文化，拟通过改造，在原有部分空置的历史建筑中赋予新的功能与活力（图16）。

以理学文化、爱莲文化、农耕文化和东吴文化为本底，设置了东吴文化公园、时节广场等10项文化展示项目。

2.9 山体导控规划

划定环溪村庄周边（特别是徐青线、横屏线沿线）山体保护绿线，保护生态本底。界定相对完整的山体界限，严格控制对山体的破坏行为。

将釜山部分山体作为村庄内部公园或重要公共空间予以控制。在生态保护的基础上，适当对山体进行彩化和美化，注重山体景观的艺术性体现。

2.10 水体导控规划

划定天子源溪、青源溪水体保护蓝线（图17）。严格控制对水体的侵占和破坏行为；推进对天子源溪、青源溪的生态化驳岸建设工作。

防止水体污染、保护和提高水质。建议关停位于屏源自然村南侧、天子源溪溪边的生猪养殖场。

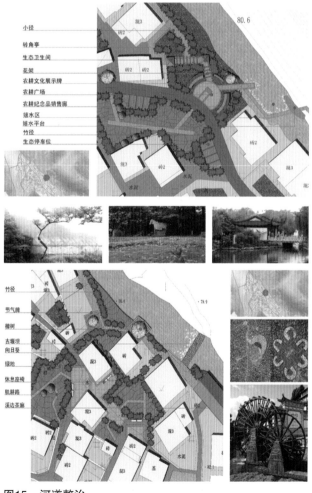

图15 河道整治

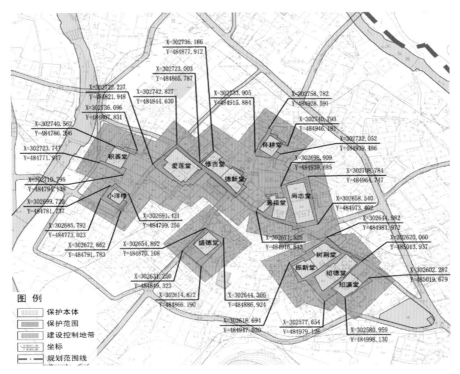

图16　历史建筑及要素保护区划图

2.11 田园导控规划

划定环溪、屏源居民点周边基本农田保护范围线（图18），守住基本农田底线。

通过一定政策扶持，引导村民农作物种植以有机肥为主，控制并减少化肥、农药使用量，以便改良土壤。

在确保莲种植规模基础上，通过一定政策扶持，积极引导村民发展彩色农业。

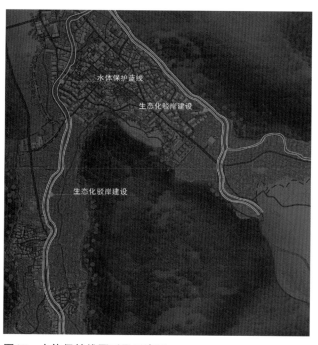

图17　水体保护线图以及示意图

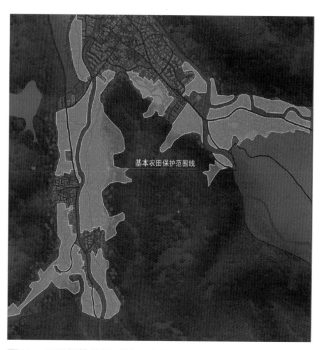

图18　田园保护线图以及示意图

河北省石家庄市赞皇县黄北坪乡黄北坪村村庄规划

编制单位：河北省城乡规划设计研究院
编制人员：曲占波　杨文立　苗运涛　张玉芳　贾会敏　孙洪艳　张　炜　李逸红　吴洪亮　栾丽波　武国廷
　　　　　翟　浩　刘　振

1　基本情况

该村地处太行山东麓深山区，晋冀两省交界，赞皇县西南部，距县城21km，是革命老区。紧邻嶂石岩、棋盘山、锁云湖水库等三大景区。县道016（马嶂线）在村庄南侧东西横穿村域。该村拥有原生态环境，景色旖旎，风光秀美。黄北坪村坐落在槐河谷底河流阶地上，海拔在320～330m之间，村域总用地621.5hm²。该村是千年古村，拥有众多红色文化资源、民俗文化资源、传统技艺（织布），曾为太行一军分区司令部驻扎地，是赞皇县爱国主义教育基地，赞皇县旅游示范村。辖3个自然村，共1262人，其中贫困人口占63%。2013年农民人均纯收入仅2400元，是赞皇县贫困村之一。黄北坪村庄建设用地14.4hm²，受山地影响，呈"带状+组团+散点"分布形式。

2　方案介绍

2.1　产业发展与增收规划

按照立足现状、融入区域、突出特色、盘活资产的发展思路，确定了发展精品农业、红色旅游与乡村休闲旅游业、手工制品业等产业，提出农民增收路线图，明确了具体增收措施（图1）。

（1）精品农业。重点发展大枣、核桃、樱桃、寿桃等特色种植和乌头驴养殖等精品农业。提出各类产业发展策略，延伸产业链，增加产品附加值。

（2）红色旅游与乡村休闲旅游业。整合村庄特色资源，融入嶂石岩、棋盘山、锁云湖景区旅游路线，服务景区，致富村民。精心策划"两环八景"的旅游路线，积极引导村民发展农家乐，对现有司

图1　产业发展策略示意图

令部旧址、旧粮站等设施改造再利用。

（3）手工制品业。该村有发展手工制品业基础，规划依托原村土布合作社，选择集中与分散相结合的发展模式，带动村民就业增收（图2）。

2.2　村庄空间布局

经对2个自然村村民访谈、座谈，了解到受搬迁成本、耕种距离、地缘等影响，约80%农户现阶段无意向搬迁。规划逐步引导村民向黄北坪集中，搬迁不设时间表。

规划整治过程中，尊重现有村落布局结构和道路肌理，注重建筑和山体、河渠、田园景观的相互融合。设施强调集中与共享，功能复合、规模适度、经济实用、立足现有设施改造。重点增加旅游接待设施、学前教育等用地，住宅用地不再增加，以内部改造提升为主，完善基础设施和公共服务设

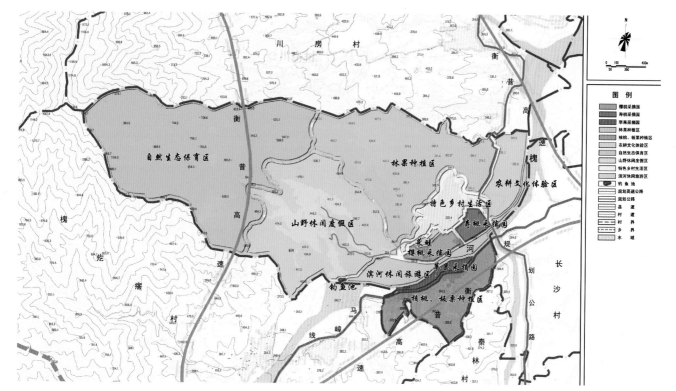

图2 村域产业布局规划图

图3 传统风貌保护区范围图

图4 老民居改造效果图

图5 较新民居改造效果图

施，改善村庄人居环境。

2.3 田园风光与特色风貌保护

（1）村庄整体风貌

利用"九山半水半分田"地形地貌特点，加强对山水田林村的整治，形成"依山而栖、傍水而居、动静之间、悠然人家"的整体风貌。

（2）传统风貌保护区划定

规划将1900年前形成、聚落空间和街巷格局保存最完整、传统建筑遗存和历史环境保存较好的区域，划定为传统风貌保护区，占地面积2.05hm²（图3）。

（3）传统风貌保护区管控要求

——控制村庄肌理（不得擅自改变传统空间、街巷）。

——控制建筑高度（一层，高度不超3.6m）。

—控制建筑形式（平顶、青砖石墙面、仿木门窗）。

—控制建筑色彩（青灰主色、点缀木色）。

—严格控制该区域内65处住宅，按规划指引进行建设改造。

2.4 民居改造建设指引

（1）建筑特色元素符号提取与应用

根据当地传统习惯、气候条件、村民需求，有选择性的汲取地方建筑特色符号，如梁柱木构件、砖拱券门窗等，留住历史记忆。

（2）既有建筑改造

根据对现在民宅建筑质量评价和使用情况进行分类，提出改造方式、改造建议，明确具体做法。

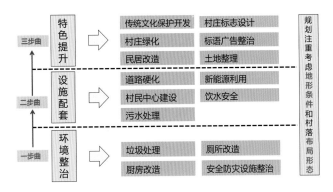

图6 三步走示意图

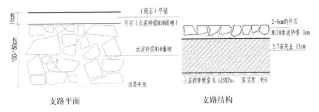

图7 支路做法示意图

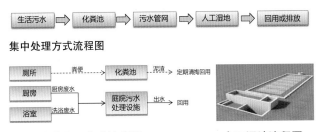

图8 分散处理方式流程图　　人工湿地流程图

鼓励有条件村民对住宅屋顶、屋面、门窗、墙体等进行节能改造，增加建筑保温隔热，石墙、青砖墙等外墙要保持原色，其它建筑外墙以暖色为主（图4）。

（3）新建住宅

层数为一至二层，高度一层不超4.8m，二层不超7.5m；色彩以白色、灰色为主，以原木色作为辅助色，体现宁静淡雅的山村风貌；采用传统建筑元素符号，灰色坡顶、暖白色墙体，转角砖（石头）垛，传统门窗样式，木构架装饰体现在山墙、门窗过梁、出墙檩条等（图5）。

2.5 环境整治专项规划设计

规划立足现状，对设施进行补充和完善，按照环境整治、设施配套、特色提升三步曲（图6），改善村庄人居环境，对饮水安全、污水处理、道路硬化等15方面进行规划设计，重点工程达到施工图要求，规划设施注重与村庄特点结合，采用人工湿地污水处理、太阳能等适宜技术。以下重点介绍民居改造、道路整治等7个专项规划设计。

（1）民居改造

逐步引导村民进行民居节能改造，重点对屋顶、门窗、墙体进行改造，提出具体施工要求。

（2）道路整治

规划重点对现有路网进行梳理，保留现状主路水泥路面，以车行为主；支路、宅前路采用石板、砂石、青砖等地方材料硬化，设计为慢行步道，提出道路设计、施工要求。结合乡村旅游服务中心，利用废弃地设置生态停车场1处（图7）。

（3）污水处理

受地形影响，规划污水处理采用集中与分散处理相结合模式（图8）。集中污水处理设施采用人工湿地处理法，湿地占地面积约500m²；分散式污水处理设施采用三格式或双瓮式化粪池，定期清掏。

（4）厕所改造

近期，将连茅圈全部改造，改为三格式或双瓮式化粪池卫生厕所，有条件的直接连接排水管道；

为方便村民用厕和改变村庄环境，共设置11处公厕（图9）。

（5）村庄绿化

重点对"四边"绿化，结合生产、生活安排绿化，构建和谐宜人的绿色乡村。充分利用村庄空闲地、废弃宅基地等，规划3处小游园，增加村民公共活动空间，提出植物配置、铺装硬化等设计要求，建成自然、空旷、情趣、交流情感的场所（图10～图12）。

河流驳岸整治，满足防洪要求，体现生态特色，富有自然野趣。

（6）村庄标志设计

村庄入口、标识设计汲取地方元素符号，突出"红色文化"设计理念，采用木质和铁艺相结合形式，与山水环境相融合。

（7）公共服务设施建设

按照位置集中、方便使用，规模适中、功能复合，改造优先、避免浪费的整治思路。新建幼儿园1所，乡村旅游服务中心1处。整合改造村委会、卫生室、人民舞台广场，在村委会内新设幸福互助院（图13～图15）。

3　主要特点

3.1　探索村民致富的发展途径，突出富民产

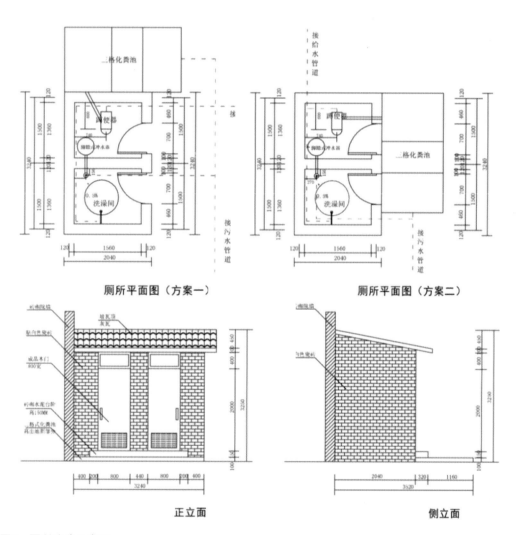

图9　厕所改造示意图

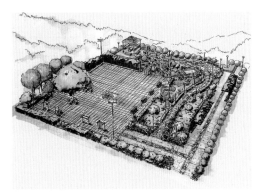

图10 东北小游园手绘效果图

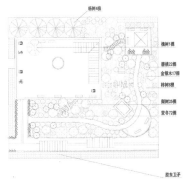

图11 东北小游园景观配置图

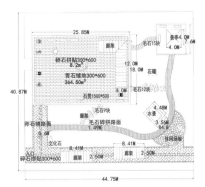

图12 东北小游园施工大样图

图13 采摘园入口手绘示意图

图14 人民舞台整治改造图

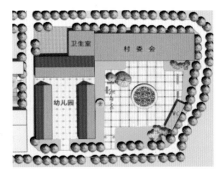

图15 村民中心整治改造图

分类	建设年代	房屋结构	建筑材料情况	民居建筑、院落部位分类						备注	整治前后照片
1	1950以前	土石及砖木	石材、生土、老式青砖、木梁檩、木门窗、坡顶或局部瓦屋面坡顶	1.1 屋顶　1.1.1 坡顶　1.1.2 平屋顶　1.1.3 技术要点	1.2 墙面　1.2.1 土墙　1.2.2 青砖墙或石材　1.2.3 勒脚　1.2.3.1 无勒脚　1.2.3.2 石材基础	1.3 门窗　1.3.1 质量好的木质门窗　1.3.2 质量差的门窗	1.4 梁柱构件　1.4.1 木梁、檩　1.4.1 技术要点	1.5 台阶　1.5.1 石材　1.5.2 水泥	1.6 围墙大门　1.6.1 石材围墙　1.6.2 砖围墙　1.6.3 大门　1.6.4 技术要点	对外露木结构修补、清洗、重新涂刷油漆(老房子如清代的应保原貌),传统砌筑工艺部应进行修旧处理。	
	1950-1980	青砖木	石材、青砖、石灰、木梁檩、木门窗								
2	1980-2000	红砖木	红砖、木材、水泥、钢筋、木门窗	2.1 屋顶　2.1.1 坡屋顶　2.1.2 平屋顶　2.1.3 施工图	2.2 墙面　2.2.1 红砖墙　2.2.2 山墙　2.2.3 墙角　2.2.4 技术要点	2.3 门窗　2.3.1 改门窗施工参考图	2.4 围墙　2.4.1 砖围墙施工参考图	2.5 台阶	2.6 梁柱构件	经济性、节能性更好、不破坏外观	
3	2000-2014	砖混	瓷砖、砖、水泥、钢筋、铝合金门窗	3.1 屋顶　3.1.1 平屋顶　3.1.2 改屋顶施工图	3.2 墙面　同2.2	3.3 门窗　外部加新窗,采用双层中空玻璃	3.4 梁柱构件　3.4.1 外露水泥梁柱	3.5 围墙	3.6 大门　大门加灰色坡顶门楼	兼顾外观、节能、经济实用多窗格外形可体现当地传统窗格造型、栅格等样式,延续传统乡村地域文化。	
4	新建	砖混	涂料、砖、水泥、钢筋、塑钢中空玻璃门窗	4.1 屋顶　4.1.1 现浇坡屋顶盖暖瓦　4.1.2 一体化屋顶技术	4.2 墙面　砌体保温浅暖色涂料、转角砖垛、山墙构架装饰、仿石材勒脚　传统窗格样式原木棕色	4.3 门窗　塑钢门窗双层玻璃	4.4 梁柱构件	4.5 围墙大门　砖围墙施工参考图　大门施工参考图		功能合理结构符合规范,传统乡村符号外观	

图16 民宅新建与改建索引目录

业研究

为了科学判断村庄发展农家乐的可行性，项目组走访了嶂石岩、棋盘山等景区周边近30余户农家乐，了解经营和发展情况，认为该村有发展农家乐的条件，规划在产业发展、民宅设计等方面，考虑农家乐的相关要求；项目组了解到赞皇县原村土布合作社发展前景好、效益高，且该村有发展织布基础，项目组多次与合作社经理进行洽谈，原村土布合作社已同意2015年发展该村为社员。

3.2 探索符合地域特色的农宅整治与建设模式，突出对民居建设指引

经全面摸底，村庄房屋建设已过翻建期，基本处于整治、修缮、维护阶段。为科学指导村民改造和新建民居，编制了民居改造与建设技术指南。对现状建筑进行分类指导、模式化改造，提出每类改造要求，通过索引目录，对每一构件进行编号，每一编号在建筑图集中有相应的改造措施、大样图、效果图等（图16、图17）。

3.3 探索太行山地域特色风貌的塑造方法，突出建设能记住乡愁的美丽乡村

规划注重乡土特色营造，在村庄入口、小游园、活动场地设计时，结合独特的自然环境、人文景观，在原有基础上稍加绿化和场地硬化，设置体现农耕文明的石碾、石磨等，多植村树梨树，建成环境宜人、大小适中的村民活动乐园。

3.4 探索"活化"历史文化资源的途径，突出历史文化传承

规划不仅精心营造"美丽"，还善于经营"美丽"，将文化资源"活化"，为展示村庄红色历史文化底蕴，发展红色旅游需要。将闲置粮站改为民俗纪念馆，其内设置村史馆、织布坊、放映厅；将水井、石磨等进行改造，建成旅游体验资源；在村内主要位置，雕刻、粉刷能反映历史文化的事件，实现历史记忆永不褪色。

司令部旧址整治前

司令部旧址整治后

粮站改造前

粮站改造后

图17 建筑改造图

安徽省安庆市岳西县响肠镇请水寨村村庄规划

编制单位：北京建筑大学建筑与城市规划学院
编制人员：丁　奇　张　静　苏　毅　杨珊珊　王洁新　蔡宗翰

1　基本情况

请水寨村位于大别山腹地安徽省岳西县响肠镇西侧，北距县城9km，交通便利，105国道和济广高速贯穿全境。主要包括枣术、下街、街后、大堰、横排、双门、色术、大塘及磨房等9个村民组。面积约为84.3hm²。全村共有22个村民组，592户，2384人，流动人口656人。居民点的人口空间分布呈现大散居、小聚集的特点。

2　方案介绍

2.1　村庄的主要问题

（1）灾害防治问题

现状林地居多（图1），在人员稀少的山区易发生火灾，山地坡度大的地区易发生滑坡，村域东侧的河流易在多雨季节引发洪涝灾害（图2）。

（2）老街保护问题

历史建筑的保护措施未落实，如中街桥；历史建筑可以发挥经济功能却被闲置，如三座铺子；老街沿街和街道背侧自建房风格混乱。

（3）河道清理问题

环境脏、乱、差，河中垃圾遍布，水质问题比较严重。河堤属自然形态，存在很大的安全隐患，对泥石流、雨季抵抗力差。

2.2　村域发展与控制规划

基本农田保护原则：

保护基本农田必须坚持最严格的土地管理制度（图3）。

一切单位和个人都有保护基本农田的义务。

严禁无权批准征用、占用土地的单位和个人批

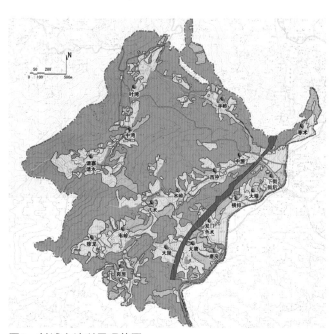

图1　村域土地利用现状图

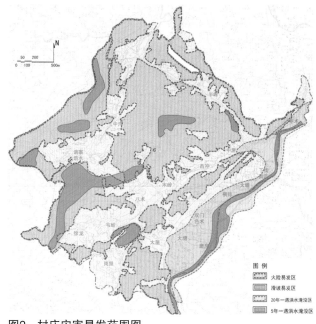

图2　村庄灾害易发范围图

图3 村域基本农田保护规划图

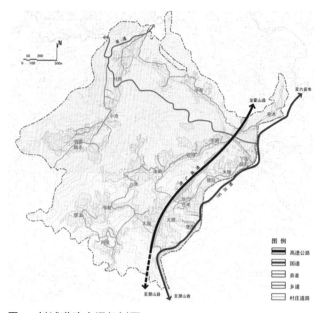

图4 村域道路交通规划图

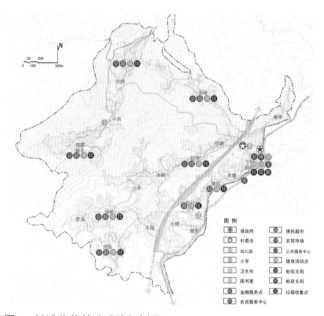

图5 村域公共基础设施规划图

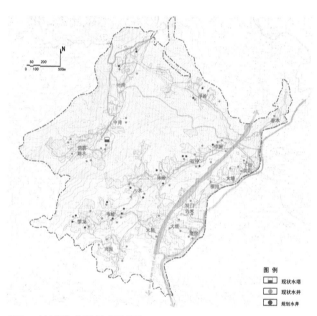

图6 村域给水设施规划图

准征用、占用基本农田；严禁超越批准权限批准征用、占用基本农田；非法批准的文件无效，所占用的土地按非法占地处理。

2.3 村庄整治规划

（1）道路交通

村域道路规划：在原有道路系统的基础上，规划乡道一条，加强东西联系。

依据地形组织各村环状交通系统，并将道路分为4个等级：过境道路105国道：10～14m。村

庄主要联系道路：4～5m。村庄次要联系道路：2～3m。村庄支路：1～2m（图4）。

（2）公共服务设施

山中村民组增设6个便民服务点和健身场所。

完善卫生所，建设图书室、便民超市等，服务村民生活（图5）。

（3）市政公用设施——给水

给水设施：村庄内部沿主路设置供水管线，村庄内部设置供水支管（图6）。

（4）公用设施——污水

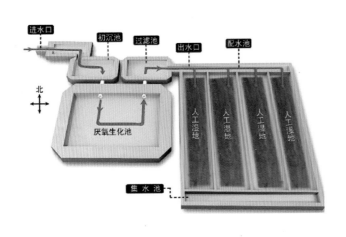

图7　人工湿地系统示意图

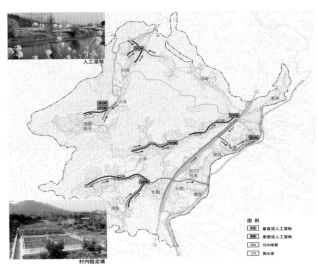

图8　村域污水设施规划图

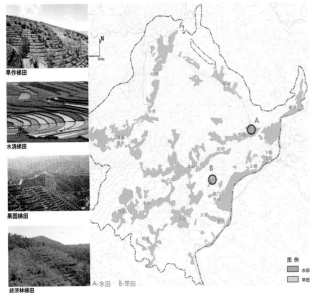

图9　梯田分布图

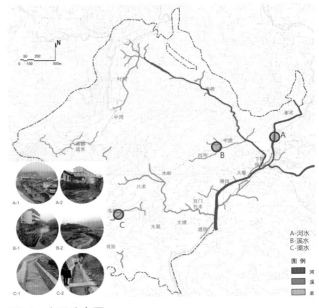

图10　水系分布图

村域的排水系统应顺应地势铺设污水暗管和挖排洪沟渠。村庄内污水管道进行更新防止管道老化损坏造成环境污染。部分散居组团采用人工湿地方式处理污水（图7、图8）。

2.4　村庄特色规划与研究

（1）梯田特色研究

梯田按利用方式分为旱作梯田、水浇梯田、果园梯田、经济林梯田等（图9）。梯田有助于截短坡长，改变地形坡度，拦蓄径流，防止冲刷，减少水土流失。保水、保土、保肥，改善土壤理化性能，提高土地质量等级及地利，增产增收。请水寨村可以充分利用梯田的这一特性，有策略的规划和开发梯田。使田地在得到有效利用、维持生态的同时增加经济效益。

（2）水系特色研究

按河、溪、渠对现状水系进行划分，总体呈现水清、沟深、流急的特点（图10）。

（3）村庄传统风貌区保护——响肠老街

老街文物保护单位包括方氏宗祠、方氏谱馆、惜字

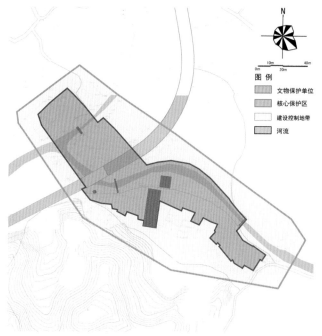

图11 老街历史街区保护范围

图13 道路空间句法分析图

➢ 控量：宅基地用地需经国土部门批准，新建宅基地按一户160m²控制。

➢ 限高：临山建筑不超过3层，临村居的按日照间距1:1.2控制，一般不宜超过3层。

➢ 可选择屋面颜色

➢ 可选择村居结构形式混、框架、轻钢

➢ 可用简化的形式符号代替古建筑中的传统元素。

➢ 重视实用：不因为猪圈，厕所难看而强行拆除；而应该注意引导，应补充设置垃圾收集点。

图12 建筑设计导则

➢ 尽量设计具有岳西风格的平面布局，中央有堂屋。

➢ 双层门，门后退.

➢ 争取设庭院，有条件的（选址允许的），争取采用四水归堂形式。

➢ 尽量原址重建，不鼓励另选新宅基地，鼓励保留原本肌理，不鼓励建兵营式村居。

➢ 不再新建民居中使用欧式花栏杆和柱式。

➢ 已在民居中使用欧式化栏杆的，建议采用挂横向竹竿式及增加有传统特色的栏杆头装饰。

➢ 已在民居中使用罗马科林斯柱式的，建议在前面增设棚架吊顶，遮挡柱式，同意拆除的，可拆除。

147

亭、上街桥、中街桥、下街桥。以文物保护单位及其环境的占地面积为建设控制范围，该区域不能随意改变建筑现状，必需对其外貌、内部结构体系、功能布局、内部装修损坏部分整修时，应上报相应部门，按审批程序经同意后，在专家指导下原址依原样进行修复。

规划核心保护范围10万m²，该区域内所有建筑和环境均要按照文物保护法的要求进行保护，不允许随意改变，不得进行可能影响文物保护单位安全及其环境的活动。如需进行必要的修缮，应据文物保护单位的级别，经相应的文物行政部门同意后，严格按照审批程序报相关部门（图11）。

（4）建筑风貌保护（图12）。

（5）聚落特色研究

本区自然形成多个聚落，这些聚落村民同姓者多，聚落多选址于山坳处，这样聚落建筑可形成自然围合。道路呈树枝状，主干处的人流量最大，这些地方，又往往是"水口"。各枝道路之间因为有搭接而形成横向道路，也变得重要（图13）。

2.5 村域村庄环境整治

（1）村域空间整治

保护历史遗迹，徽派建筑，使物质文化景观与非物质文化景观共荣；生态护坡，选育当地树种，减少对生态的破坏，节约资金；保持景观视野和谐，使人工建筑与自然相统一；规整农业用地，形成农业景观；丰富景观层次，乔、灌、地被植物随季节而变化；疏通河道，种植水生植物，加固堤坝，农用垃圾进行生态处理。

（2）河道景观整治

响肠河作为村镇重要的水系景观应着力融入当地绿地系统，为村民休闲提供空间，创造舒适宜居的环境（图14）。

以维护和改善其原有生态系统为原则，以最小干预的手段，打造响肠河自然乡村景观。

响肠河堤采用植被、大型石块等护岸技术，防止河水冲刷岸边和水土流失。

（3）交通整治

内部交通：部分道路硬化，多为土路，村组间联系道路多为土基路，道路状况较差。

交通组织：具体到局部设计时停车场分散布置，结合居民点就近安置，按每户1辆机动车停车位的指标。停车场车位尺度为3m×5m。考虑到当地道路宽度较窄，停车场兼顾错车场的功能。安排开发红色旅游的景点布置相应的停车位（图15）。

（4）村庄环境整治

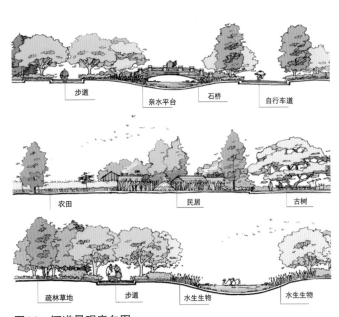

图14 河道景观意向图

图15 村域交通规划图

图16　村庄公共空间整治

现状普通民居

民居立面改造

现状普通氏居

民居立面改建

图17　立面改建效果图

图18　新村宅设计效果图

农村生活服务中心：农村休闲广场，健身、文化标注设施。可观看比赛。道路转角处种植低篱，不植高大乔木。可用作集会场所、电影放映、停车场。做景墙或放荧屏。少数人聊天、下棋、太极运动、跳绳等。背风向阳，较为开放。高于南侧，可用于表演、集会、广场舞等（图16）。

历史老街，河流定位与功能为入口标识、文化、休闲。

（5）农房改建指引

目前民房多采用砖混结构。三角屋面部分采用横墙承重和木梁，没有圈梁。屋面多采用木望板和挂瓦条，三角屋面与建筑之间衔接较弱，整体性不强。

以图17～图20为例，建筑立面原为白、绿色涂料粉刷；改建后，建筑采用灰砖涂料粉刷，灰砖勾白缝。原窗户外加木质百叶，施以桐油。

（6）新村宅设计

老街可视范围内建筑风格以岳西地区传统建筑风格为主，不得建设仿欧陆风的建筑。老街可视范围内，建筑色彩以青灰、白色以及土坯砖的土黄色为主，不得建设普蓝、鲜红等色彩的建筑。新村宅融入庭院、晒台、活动室等空间，使用太阳能热水器。

3　主要特色

3.1　特点

对村庄近期建设进行了划分，分为：实施性内容和引导性内容。

村庄公共建设采取政府出资与农民集资相结合的方式。实施性内容有比较落实的项目资金来源。

建筑设计都考虑了当地建材市场实际的建材供应情况。

3.2　创新性

根据城乡规划法的要求和产权的不同，将规划内容分为了基础性、实施性、引导性三个部分，其中引导性以村宅为主，编制了建房导则。

一层　　　　　二层　　　　　顶层

图19　平面图

灰砂砖 0.3元/块　　毛石 140元/m³　　空心砖 2元/块　　机制红瓦 0.5元/块　　彩钢板屋面
尺寸115×230×53mm　数量有限限制使用　尺寸240×240×115mm　尺寸280×280mm　　40元/m²

西洋花式栏杆　　灰砖勾白缝　　罗马科林斯柱式　　水刷石墙面　　涂料白墙　　瓷砖 1.2元/片
50元/根　　　5元/m²　　　100元/根　　　35元/m²　　30元/m²　　尺寸20×40mm

图20　建材一览图

表1　村庄整治与建设主要项目表

序号	项目名称	项目内容	项目类型	项目规划	建设时序	投资概算（万）	资金来源	实施进度	用工量（工时）
1	民房改造	清水寨村村民住房修整改建	房屋工程	400户（其中危房200户）	一期	240	政府出资	现状改造	12000
2	庭院"四化"	改善村民居住环境	房屋工程	300户	一期	120	政府出资农民集资	规划中	6000
3	公路改造	把陈旧道路进行改造	道路工程	5km	一期	25	政府出资	现状改造	1250
4	道路硬化	至今仍是土路的道路进行硬化	道路工程	5km	一期	200	政府出资农民集资	现状改造	10000
5	新建道路	增加机动车道路	道路工程	10km	一期	210	政府出资农民集资	规划中	10500
6	河道治理	河内垃圾、污水等治理	涉水工程	7km	一期	700	农民集资	现状改造	3500
7	塘堰整修	增加灌溉渠道	涉水工程	27口塘/26条渠道	一期	55	政府出资农民集资	现状改造	2750
8	防火带	增加防火道	环境综合治理工程	30km/11条	三期	30	政府出资农民集资	规划中	1500
9	清水寨旅游步道	新建旅游道路，增加沿途设施	道路工程	5km	二期	100	政府出资	规划中	5000

安徽省六安市金寨县麻埠镇响洪甸村村庄规划

编制单位：中国城市科学研究会　　城印国际城市规划与设计（北京）有限公司
编制人员：周　宇　李华东　褚轶飞　徐文军　纪思佳　宋吉涛　王　平　王莹莹　张晶利　张　熙　童　禹
　　　　　李雪梅　刘　平　李　德　王卫丽

1　基本情况

响洪甸村位于安徽省六安市西部，是六安瓜片源产地核心产区，现状有响洪甸水库及游船码头、红石谷、六安瓜片生态观光茶园和水晶庵四大旅游资源。响洪甸村村域面积约35.2km²，建设用地约109.51km²。全村共有27个居民组，1159户，人口4344人。响洪甸村规划是住建部组织的大别山片区扶贫开发村村庄规划四个试点之一，也是2013年全国村庄规划试点之一。

2　方案介绍

2.1　现状用地分析

（1）现状村域用地：村域面积约35.2km²，建设用地约109.51hm²，建设用地所占的比例为3.11%。村域林地资源较丰富，耕地资源极少，园地（主要为茶园）面积较大。

（2）现状村庄用地：村庄面积为212.21hm²，其中住宅用地、公共设施用地、公共绿地分别占总用地17.21%，5.09%，0.78%。村庄用地带状分布，公共设施用地和公共绿地缺乏。

2.2　村域景观现状资源

响洪甸村域范围内有王家大山、乌石巴、遇驾岭、齐山头、燕窝尖五大主峰。有响洪甸水库、西淠河、龙井沟、三岔河四条水系（图1）。

响洪甸山体逶迤秀丽，海拔平均在300m左右，其山头云蒸雾裹，气象明晦，景色万千。水资源丰富，村庄被响洪甸水库环抱，湖面开阔，生态环境极佳。村落大部分比较集中，沿道路分布在水

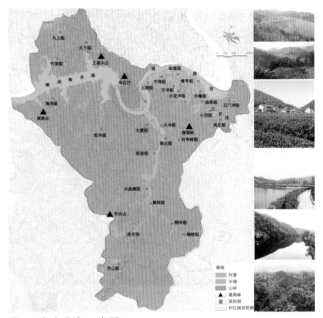

图1　山水分布示意图

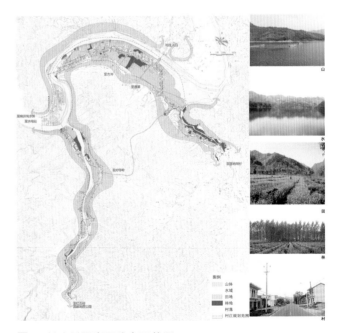

图2　村庄景观资源分布现状图

边及山脚下，呈带状；少部分村落散于自然资源优越的深山或水库里。

2.3 现状景观资源分析

"山、水、田、林、村"的现状景观风貌（图2）。

山：山体绿化率高，植被茂盛，但是不纯粹，内部植物杂乱，游览性差。

水：河流清澈，水源丰富，具有特色鲜明的山水格局；但是沿岸的杂草丛生，有多个垃圾堆放点。

田：自然地衔接村庄与山体，特色种类突出，但是面积较少，分布混乱。

林：林地组团分布，阵列明显，遮阴纳凉，遮霜护茶，但是树种单一，景观单调。

村落：周边自然景观优美，主要景观流线明确；但是整体风格多样，缺乏具有识别性的村庄景观特色。

2.4 规划定位

六安瓜片源产地，生态文明旅游村。

2.5 规划思路

（1）村民参与，问题导向

全程村民参与，以问题为导向，通过问卷调研、座谈沟通等方式对村庄进行深入、全面的调查。村域规划范围共调研1159户，有效问卷752份，达到65%。经过调查充分了解村民生活所需，从村民切身利益角度总结本次规划需要解决的最为迫切的项目，突出建设重点。

（2）瓜片核心，三产联动

以打造六安瓜片文化为核心（源产地核心产区），促农业、引工业、兴旅游，整体发展六安瓜片文化品牌，提升其价值。

促农业——无毒无公害绿色茶叶。

引工业——茶制品和竹制品深加工。

兴旅游——打造绿色瓜片、蓝色水库、红色山谷的新型生态村庄。

（3）水源保护，生态文明

对应响洪甸水源保护地的生态敏感地区，建设生态文明村。控制开发建设、做好环境保护。响洪

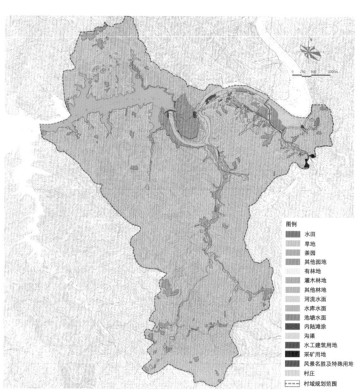

图3 村域土地利用规划图

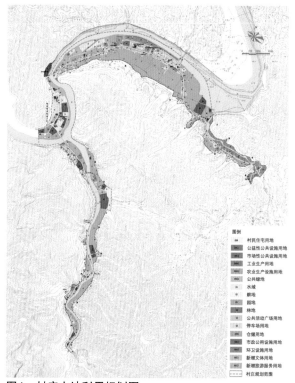

图4 村庄土地利用规划图

甸水库的水源地保护区的生态保护重点为：保护河湖水系，控制库湾养殖规模；滨水旅游资源的开发价值较大，严格控制生态敏感区的开发。

2.6 村域规划

本次规划用地调整主要从响洪甸茶产业的发展、建设用地集约利用、交通梳理、公共服务设施完善、环境卫生整治五个方面考虑，通过用地调整，改善村庄居民的生活环境，解决村庄现状发展的主要问题。用地调整主要分为村域用地调整和村庄用地调整两个方面。

村域用地调整内容如下：

响洪甸村村域面积约35.20km²。村域现有主要产业为农业、林业（茶叶和毛竹种植）、生活性服务业及旅游服务业，现状产业发展较为落后。作为六安瓜片的源产地，响洪甸不仅具有丰富的物质资源，还拥有深厚的茶文化底蕴，所以本次规划以做大做强茶产业、积极发展旅游业为重点来发展响洪甸，对响洪甸村村域用地进行调整。

本次村域土地利用规划保护现状园地、林地和水域资源，整合土地资源，扩大茶产业生产基地用地规模，同时严格控制工业用地的增加。还充分考虑了地质灾害因素的影响和"设施聚人"的原则迁移部分散居于山区的居民，选择在响洪甸村中心聚集区增加村民住宅迁移建设用地，将其进行生态移民，分享配套设施（图3）。

2.7 村庄规划

村庄用地调整内容如下：

响洪甸村现状茶产业和旅游业发展较为落后。在茶产业发展方面，为了做强茶产业，扩展茶产业空间发展规模，本次规划增加建设了茶博馆、茶交易市场、茶文化展览馆等一系列产业发展相关的设施。在旅游业发展方面，响洪甸村旅游资源丰富，但是配套设施不完善，所以本次规划增加建设了滨水度假山庄、水晶寺等相关旅游设施。同时本次规划还加强对现状村庄环境的整治，通过街道环境整治和滨水环境整治，为居民和游客创造优美的生活环境和旅游环境。

根据响洪甸现状发展问题和规划发展策略，本次村庄规划共增加旅游服务用地、文化娱乐用地等公益性公共设施用地1.55hm²；增加市场性公共设施用地5.55hm²；增加居住用地2.88hm²；增加公共绿地15.98hm²。同时拓宽村内部分河道，减少洪水灾害。

规划总用地中，住宅用地为31.81hm²，占规划总用地14.99%；园地为69.98hm²，占32.98%；绿地为18.05hm²，占8.51%；公共设施用地为15.13hm²，占7.13%（图4）。

2.8 市政基础设施布局

（1）给水工程设施规划

响洪甸村村庄范围内，现状供水情况较好，给水工程规划主要在原有供水系统的基础上改造提升。规划水厂日供水量1400m³。将沿村庄主街的主干管管径由DN80改造至DN100，并按照120m间距设置消防栓；增加茶博园、度假山庄和新建居民点内部供水管线，管线管径为DN100，并按照120m间距设置消防栓。

（2）排水工程设施规划

雨水由道路边沟排水；污水处理采用三格式化粪池，可单户建设、或多户联建。污水经过处理后排入道路边沟；公建集中处采用大尺寸三格式化粪池。

（3）电力工程设施规划

电力工程设施规划针对现状杂乱无章的线路进行美化整改，采用屋檐下挂电线管的方式，将380V及220V架空线路移至建筑立面，改善村庄风貌。针对茶博园、度假山庄、新建居民点三处项目，共增加三台10kV变压器。

（4）环卫工程设施规划

村庄规划为了配套村庄的旅游服务职能，提升村庄的环境品质，增加5座公用厕所。在吴庄废弃的石料厂布局1座垃圾收集站，垃圾处理与相邻地

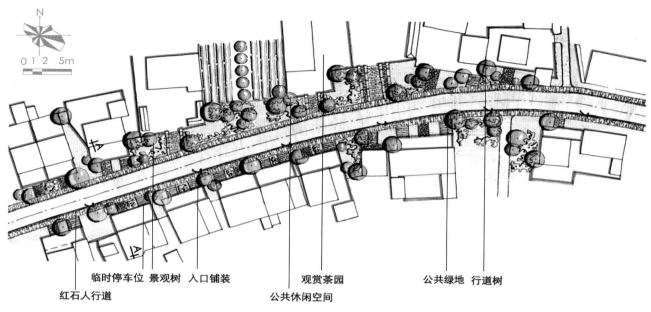

临时停车位 景观树 入口铺装　　　观赏茶园　　　　公共绿地 行道树

红石人行道　　　　　　　　　　公共休闲空间

图5　街道空间平面图

区联合处理。

（5）综合防灾规划

设立综合防灾中心，负责防灾减灾的指挥调度；按照金寨县《关于进一步加强全县防震减灾工作的实施意见》，抗震设防烈度为7度。拓宽大埠组与电站区域交汇处河道，以保证泄洪安全。沿河规划防洪堤，可按20～30年一遇标准设防。为了减少地质灾害对村庄带来的损失，本次规划考虑迁移海洪组、九上组和竹茶组村民，在响洪甸村庄内新增住宅用地来安排迁移村民居住。

2.9　村庄景观风貌控制

从景观风貌和建筑风貌两个方面入手，对村庄整体景观风貌进行控制。景观风貌方面主要提出了景观风格、绿化系统和植物配置的建设原则，并对重要地段景观风貌进行详细的设计引导和控制，如街道景观风貌、茶园景观风貌和滨水景观风貌。建筑风貌方面提出了建筑设计的整体建筑风格，并对重要片区建筑风貌进行设计控制和设计引导，如茶博园、度假山庄和村庄住宅。

2.10　环境整治——村落空间

（1）现状评价

响洪甸村沿道路成带状生长，村落随山水格局自然形成。

示范段道路位于村委会周边，东西向长约200m，建筑类型丰富，组合形式多样，包含独栋、双拼、联排等民居类型，具有一定代表作用。

（2）存在问题

建筑方面：建筑样式多样，风格各异；建筑色彩各异，缺乏统一；建筑山墙呆板，单调平淡；建筑玻璃不同，个性太强。

道路方面：村落景观缺乏，观赏性差；道路电线凌乱，杂乱无序；道路铺地单一，缺乏美感；道路绿化缺失，缺乏层次。

（3）改造原则

响洪甸村落改造以"景色为先、形式为辅"为原则。重点打造道路公共空间，突出整体形象。沿街立面以白色为主要色调，通过对红石、鹅卵石、毛竹、沙树等当地材料的装饰运用，打造响洪甸特有的街道形象。

以"适地适树"为原则，沿街选用桂花、香樟、玉兰等乡土树种，乔灌草结合，层次丰富，构成优美的村庄植物景观（图5、图6）。

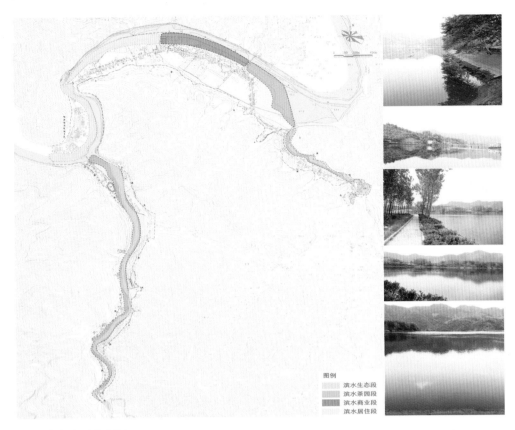

图例
滨水生态段
滨水茶园段
滨水商业段
滨水居住段

图6　滨水类型分布图

2.11　村落空间景观实施指导

（1）人行道

人行道宽度1.5m，铺装材料建议采用红石料石或红色透水砖。

（2）入户铺装

对入户铺装的组成元素进行统一的要求，注意红石元素的运用。

（3）树池

在沿路有屋舍的区域添加不规则式行道树，行道树树池采用自然红石石块围合，突显当地红石特色。

（4）路灯

村庄主路新增路灯应与现有路灯保持一致，形成风格样式上的协调统一。

（5）广告招牌

广告牌匾、招牌需与建筑风格保持一致，建议材料为木质或竹制（图7）。

3　主要特点

3.1　环境整治——滨水空间

（1）现状评价

现状驳岸主要分为硬质驳岸和自然驳岸两种，部分水体紧邻山体。河床乱石较多，夏季水量充沛，水质清澈，有水鸟栖息。

（2）存在问题

滨水沿线污染严重；滨河亲水性差，硬质高岸，色彩单调，缺少连贯的景观浏览路线；河流水位随季节波动大。

（3）改造原则

打造生态、自然、休闲相结合的特色滨水景观，尊重乡村特色。

（4）改造措施

根据周边的用地功能和形式，营建四种类型的滨河景观风貌。

滨水商业段—旅游度假滨水空间

滨水居住段—惬意生活滨水空间

滨水茶园段—休闲观光滨水空间

滨水生态段—自然生态滨水空间

3.2　四类滨水空间整治策略

（1）滨水商业段

依托度假山庄，做足休闲旅游概念，生态软质驳岸亲近自然，曲线道路步移景异，地被草花生态悠闲，同时，修建竹制游船码头。

（2）滨水居住段

临近生活区域，延续生态驳岸、曲线道路和地被乔木植物组合的前提下，增加不同水位均可亲水的竹台。

（3）滨水茶园段

毗邻万亩茶园，现状硬质直立驳岸予以保留，增添湿生植物，同时，整理红石河床。

（4）滨水生态段

地质灾害多发地带，修建安全防洪的硬质驳岸，且根据周边居民交通需要修建滨水小路，临近山体一侧保留自然生态驳岸形式（图8）。

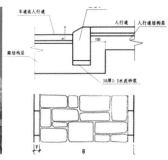

人行道示意图

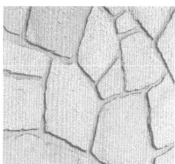
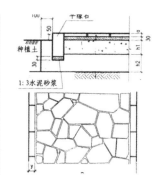

入户铺装示意图

红石硬质式树池示意图

路灯、广告招牌效果示意图

图7　景观设计示意

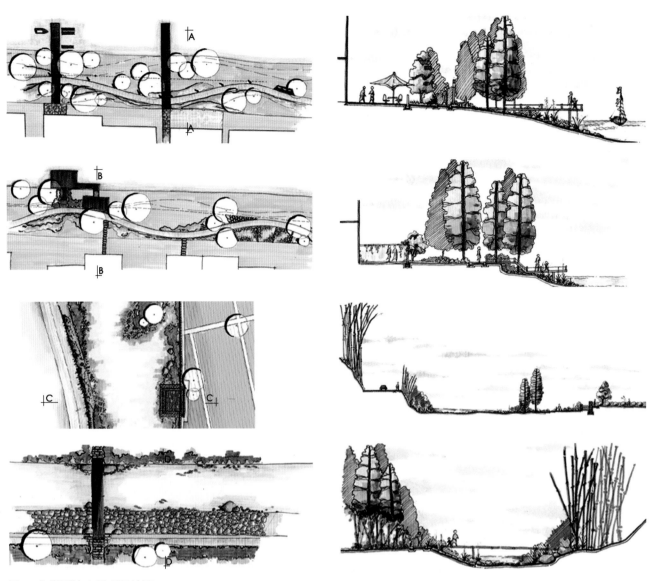

图8 各类型滨水景观设计图

湖北省黄冈市罗田县九资河镇官基坪村村庄规划

编制单位：天津大学建筑学院

编制人员：运迎霞　夏　青　曾　坚　张秀芹　杨晓楠　李思濛　王思成　张彤彤　王　峤　黄焕春　杨佳璇
　　　　　王振宇　赵晓梦　白　雪　肖佳晴　邱李亚　李冰宜　杨　爽　杨天乐

1　基本情况

1.1　村庄区位

官基坪村位于大别山南麓。官基坪村村域面积4.19km²，2012年底，户籍人口181户，693人。

村内保存有四百多年历史的徽派古建筑群，2008年被评为省级文物保护单位。

1.2　村庄自然环境现状

官基坪村处于谷地之中，四周群山环抱，地势北高南低，东西高中间低，全村地貌山间谷地。

村域北部有一小型水库貂林岩水库，水库面积1.02hm²，库容约1万m³，现为养殖及下游灌溉取水水源。

1.3　规划基础研究

规划区范围：村域总面积4.19km²（图1）。

规划控制范围：铁棚湾及周边、新屋湾及周边、彭家湾。

上位规划分析：湖北大别山国家森林公园总体规划修编（2012—2020）将其定位为：以乡村田园休闲度假及田园生态观光旅游为主。罗田城市发展规划（2012—2020）将九资河城镇职能定位为：旅游综合服务性城镇。九资河镇总体规划（2011—2030）规划中对其发展定位：以农业生产、旅游工艺品、农特产品加工为主的村庄。

2　方案介绍

2.1　重点问题及解决策略

重点问题有：传统药材种植产业的升级，旅游产业的培育，历史文化遗产与传统村落保护，村落

图1　村域用地现状图

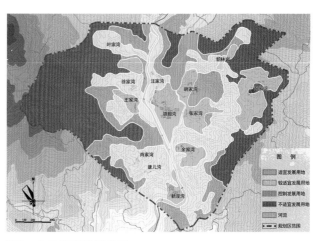

图2　土地适宜性评价图

风貌特色的定位，空间整合与土地利用优化，内外交通的改造与提升，公共与基础设施的完善，自然灾害的防御，综合环境整治与提升。

2.2　解决策略

（1）个体与规模联动。尊重当地特点和村民意愿，选取合适的区域作为规模化生产用地（图2）。

（2）文化遗产旅游带动。借助山水优美的自然风光，利用各湾落的古朴风貌开辟各类基地。

（3）建立保护体系，明确保护内容和方法。通过明确保护内容、建设控制地带及自然环境控制区文化遗产及其相应保护控制要求进行有效保护。

（4）山、水、村落的整体和谐统一。

（5）湾落适度整合。整合后逐渐弃置的村落可由原村民或村委会开发旅游。

（6）外拓内通。改善目前通村乡道过窄问题；实现湾湾通路。

（7）因地制宜、生态优先。公共设施配置集中与分散相结合的方式，完善重点村各类基础设施配置。

（8）明确整治内容和目标。重点是卫生环境整治。

2.3 村庄定位与发展目标

（1）性质定位

九资河镇北部中心村，位于大别山森林公园旅游景区中，是以天麻、茯苓中草药种植为主，积极发展旅游业，集山、水、村、古宅和谐一体的生态型历史文化名村（图3、图4）。

（2）村庄发展策略

官基坪村应优先发展第一产业、第三产业，辅助发展第二产业。

第一产业：尊重村民意愿，合理进行土地流转鼓励第一产业往集约化、专业化、商品化道路发展。

第二产业：开发初级食品加工，与旅游产业结合，增加附加值。

第三产业：积极发展乡村旅游业，打造官基坪村成为乡村旅游目的地与地域旅游游客集散地。

2.4 村域统筹与管控措施

（1）村域整合

在村民自愿的前提下，引导居住户数稀少（3~10户）、老幼居多、生活交通不便以及有条件发展旅游的湾落人口迁至设施完善的铁棚湾。迁移

没有时间表，居民无论何时计划搬迁，铁棚湾都预留有宅基地（图5）。近期重点发展铁棚湾，重点保护新屋湾，远期建议整合叶家湾、徐家湾、肖家湾和唐儿湾，其余湾落限制其发展（图6）。

（2）村域设施规划

保留取水点5处，新建取水点1处，改造取水点4处。设置雨水排放口13处，修建小型集中污水处理站2处。新增10kV变压器2台。完善有线电视线

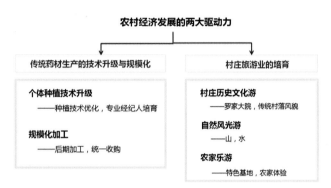

图3 农村经济发展驱动力

图4 传统产业升级途径

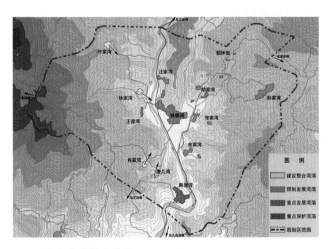

图5 村域湾落整合意向图

图6 村域用地规划图

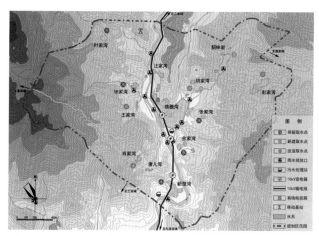

图7 村域基础设施规划图

路，线路布置应遵循先架空敷设，后地下埋设的原则（图7）。规划建设垃圾填埋点1处，垃圾转运点2处，垃圾箱19个，公共厕所12处，废料堆放点27处（图8）。

（3）村域综合防灾规划

做到消防资源合理分配，主要包括村庄消防安全布局、消防站、消防给水、消防通道等。防震避难空间、抗震救援通道的组织尤为重要。采取河道整治与绿化、保护生态环境相结合的防洪除涝策略（图9）。

2.5 村庄整治规划

（1）村庄整治目标

在深入挖掘村庄特色，全面分析村庄发展所面临的问题和村民切实需求的基础上，注重经济效益、社会效益和生态效益的统一，以实现道路通达、特色鲜明、生态宜居的规划目标。

（2）村庄整治

道路整治：整治中遵循"不推山、不填塘、不砍树"的原则。针对官基坪村的道路现状，利用平行的，路面宽度不足的街道，组织单向行车，提高行车安全性和道路的通行能力。

路灯杆线整治：在铁棚湾、新屋湾村口及邻近村庄的乡道布置太阳能路灯。

安全防护设施整治：完善道路交通标志、拓宽道路并于路面标线。

河道沟塘整治：整治对象为白唐河以及村民居

住相对集中、影响村容、村貌和环境的房前屋后的沟渠（图10）。

河道整治：结合村庄的旅游和防洪，对河堤和河岸景观两方面进行整治规划。

沟塘整治：延续大别山地区农村以水塘为公共中心的生活习俗，保留现有各个湾落的水塘并加以整治。

村口空间整治：村口一直是村庄重要的公共活动空间，特色的村口空间，可作为游客集散地，适应乡村的生态旅游需求。

残垣断壁整治：通过墙面修补、危房拆除、墙面清理粉刷等措施来提升村容村貌。

生产设备及原料存放整治：引导村民规范放置生产设备及原料，划定存放地点。

四边绿化整治：利用乡土树种和农业景观做好村边、路边、水边、房边绿化。

节点美化整治：选取了八处景观节点，分为两类提出整治要求。

2.6 历史文化资源保护

（1）保护评价

文物保护单位：保存较为完好，可采取修复的方式进行保护，保持建筑原样，如实反映历史遗存。传统民居（土坯）：土坯民居与周围环境和村落风貌和谐统一，但质量较差，应在保持外观的基础上进行结构加固。传统民居（砖）：砖石民居与

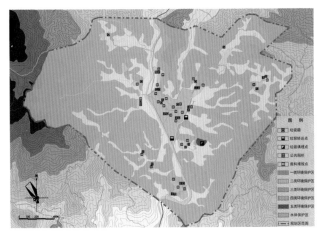

图8　村域环保环卫规划图

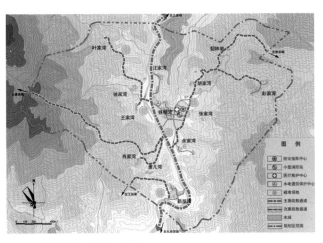

图9　村域综合防灾规划图

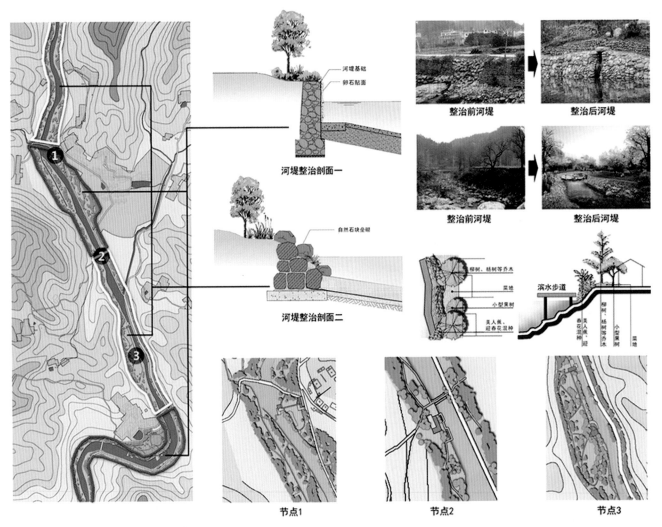

图10　河道沟塘整治图

162

村落风貌较为和谐，且质量较好。新型民居：新型民居可利用提取的传统元素通过改变立面外观色彩或材料，改造檐口、山墙形式等措施使之与整体风貌相协调（图11）。

（2）保护措施

湾落传统格局保护：重点保护唐儿湾、肖家湾、余家湾三个传统湾落。传统建筑群保护：重点保护两处传统建筑群，位于铁棚湾，分别为传统民居建筑群和叶丛意住宅群。文物建筑保护：省级文物保护单位两处，分别为罗家大院和罗氏祠堂，位于新屋湾，予以重点保护（图12）。传统民居保护：重点保护传统民居15处（图13）。环境要素保护：环境要素包括古树、古桥以及古塘，重点保护古树群1处，古树群19棵，古桥3座，古塘9个。

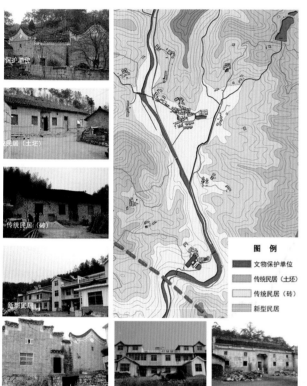

图11　建筑保护评价图

传统湾落保护

建筑群保护

图12　文物建筑保护

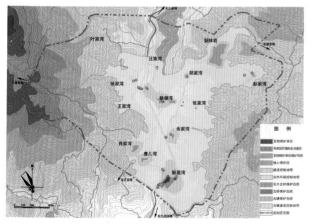

图14　村域保护范围规划图

名称		落位图	现状综述		规划措施
			现状分析	现状照片	
新屋湾	罗应龙住宅	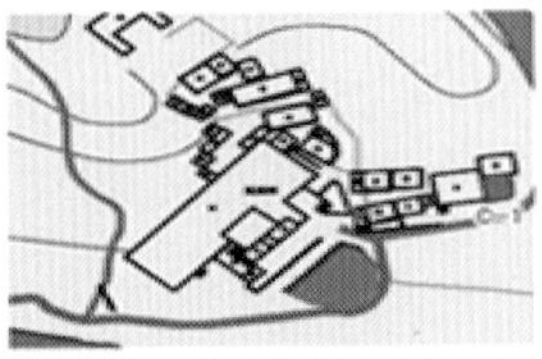	风貌完整，质量一般。土坯房，立面刷白		保护修复
	罗开先住宅	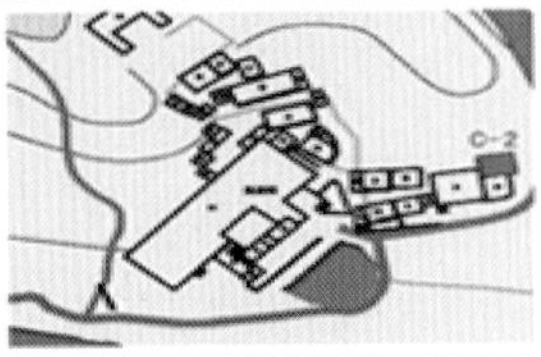	风貌完整，质量一般。土坯房		保护修复
新屋湾	罗厚文住宅	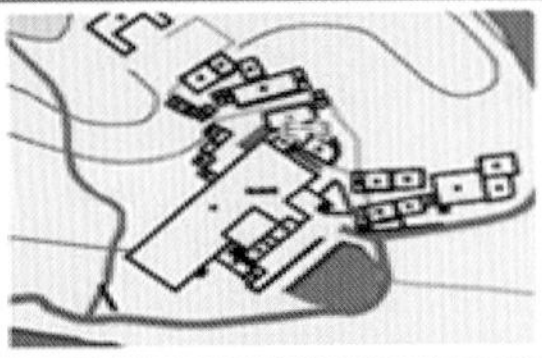	风貌完整，质量一般。青砖房，与新屋垸格局关系较好，反应村落历史文化特征		维修改善，局部加固维修
	罗汉章住宅	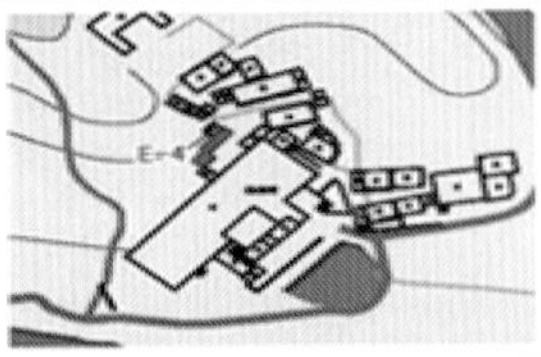	风貌完整，危房。土坯房，与新屋垸格局关系较好，反应村落历史文化特征		维修改善，危房加固。保留历史文脉肌理，外观局部维修
	罗曙光罗惕新住宅	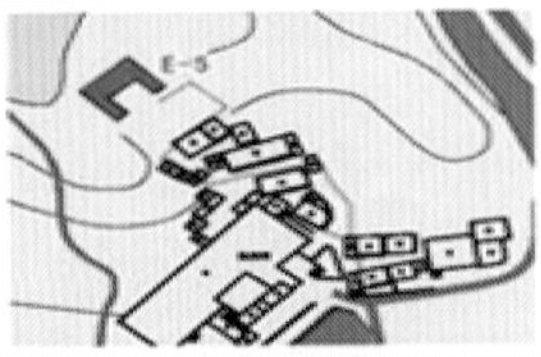	风貌一般，危房。土坯房，背山居高位，与新屋垸格局关系较好，建筑组合关系较好，反应村落历史文化特征		维修改善，局部加固维修
铁硼湾	叶新文叶新秀住宅	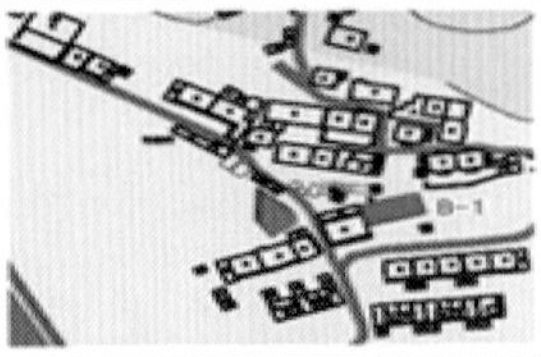	风貌一般，青砖房。		维修改善，保留历史文脉肌理，外观局部维修
	叶金林住宅	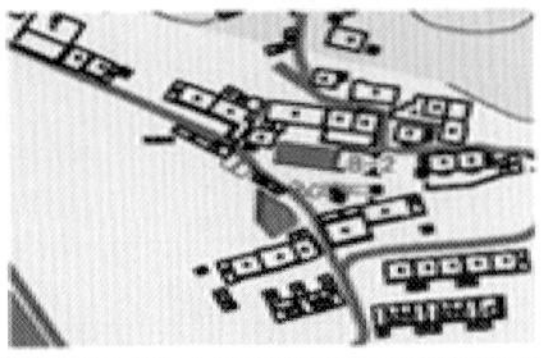	风貌一般，危房。土坯房，建筑群体关系好		维修改善，危房加固。保留历史文脉肌理，外观局部维修
汪家湾	废弃住宅	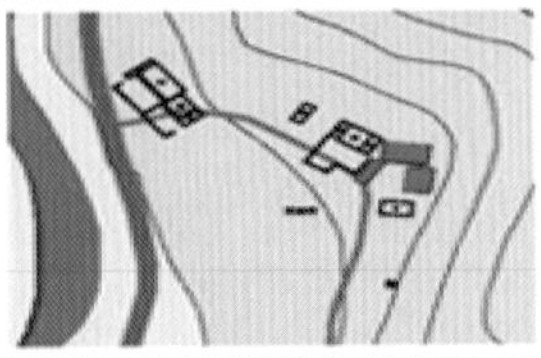	风貌一般，土坯房、青砖房，建筑群体空间关系好		维修改善，偏房加固，保留历史文脉肌理，外观局部维修
张家湾	胡方斗住宅	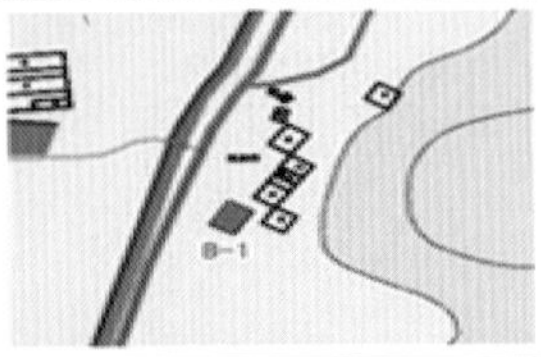	风貌一般，主体为青砖房，偏房为土坯房，上世纪80年代建筑		维修改善，保留历史文脉肌理，外观局部维修，改作旅游服务

图13 传统民居保护

图15　建筑细部

（3）保护范围

核心保护区：官基坪村核心保护区内禁止新建或扩建建筑物、构筑物。历史民居院落应当保持传统的建筑风格，改造整治过程中，在高度、体量、色彩、材料等方面应符合历史风貌。

建设控制地带：建设控制地带内除保持历史建筑原有传统风貌外，要严格控制新建建筑物、高度、体量、色彩。

自然环境控制地带：在自然环境控制地带内，保护各类农业生产用地、山体植被及其他部分山体景观等，禁止大面积开山（图14）。

（4）罗家大院的保护

罗家大院为明清古建筑群，又名新屋垸、紫薇山庄，坐落于新屋湾，至今已有近两百多年的历史，为省级文物保护单位。建筑面积2763平方米，

现有20户村民居住。

特色与价值：选址、布局极为讲究，在风水学上有重大意义。建筑风格受江西天井式住宅、客家围屋影响，整体风貌与自然环境高度融合，体现传统聚落文化。

（5）罗家大院的利用

大院文化：规划对建筑按原式样进行修缮，增强其内部采光效果，保留原居民，保护原始生活模式与生活场景。将罗家大院打造成为集居住、参观、服务功能为一体的旅游产品。

风水文化：罗家大院选址的模式充分体现了鄂东地区传统风水理论对于村落选址的要求。大院坐落在山脚下，面前留出农业空间，侧面或前面道路通过，尽量选择山溪的汭位。注重"龙—水—格"的关系，注重四周四神守护的关系。